Nutrizione parenterale in pediatria

Francesco Savino · Mario Marengo · Roberto Miniero

Nutrizione parenterale in pediatria

Francesco Savino
Dirigente Medico di Pediatria
Ospedale Infantile Regina Margherita
Docente Scuola di Specializzazione
in Pediatria
Università degli Studi di Torino

Mario Marengo
Dirigente Farmacista
Ospedale Infantile Regina Margherita
di Torino

Roberto Miniero
Professore Associato di Pediatria
Facoltà di Medicina e Chirurgia
Università degli Studi "Magna Graecia"
di Catanzaro

ISBN 978-88-470-1379-7 ISBN 978-88-470-1380-3 (eBook)

DOI 10.1007/978-88-470-1380-3

In copertina: Immagine a destra: disegno di Federico C. Immagine riprodotta con autorizzazione da Michelon F (2007) A scuola in pigiamino. Editore Lampi di Stampa.
Layout copertina: Simona Colombo, Milano

Impaginazione: Graphostudio, Milano
Stampa: Arti Grafiche Nidasio, Assago (MI)

Springer-Verlag Italia S.r.l., Via Decembrio 28, I-20137 Milano
Springer fa parte di Springer Science+Business Media (www.springer.com)

Prefazione

La nutrizione parenterale, introdotta agli inizi degli anni '70 in campo pediatrico, rappresenta oggi una metodologia ampiamente utilizzata in varie branche della pediatria. Essa trova infatti applicazione nelle terapie intensive neonatali, nelle unità di rianimazione, di chirurgia e di gastroenterologia nonché nell'ambito dell'oncoematologia e delle unità di trapianto di midollo osseo. Molti successi delle terapie intensive sono certamente anche dovuti alla possibilità di un adeguato supporto nutrizionale per via venosa, e quindi la nutrizione parenterale è diventata parte integrante dei protocolli terapeutici in questi settori.

Nonostante la diffusione dell'applicazione della nutrizione parenterale, non sono attualmente disponibili testi che trattino specificatamente l'argomento dal punto di vista pediatrico. Questo volume non ha la presunzione di colmare tale carenza, ma vuole essere essenzialmente una *guida pratica* all'impiego della nutrizione parenterale, fornendo suggerimenti che riteniamo utili nella gestione quotidiana dei pazienti, sviluppati alla luce delle più recenti acquisizioni, senza la pretesa di rappresentare un approfondimento esaustivo degli aspetti fisiologici e fisiopatologici della nutrizione e della nutrizione artificiale.

La nutrizione parenterale rappresenta, al pari di altri trattamenti, un tema in continua evoluzione e quindi nessun testo può considerarsi definitivo. Il lettore quindi, soprattutto per quanto riguarda i prodotti commerciali ai quali si fa riferimento nel testo, deve avere la cautela di tenersi continuamente aggiornato su indicazioni e raccomandazioni d'uso.

Luglio 2009

Francesco Savino
Mario Marengo
Roberto Miniero

Indice

Elenco degli Autori

Emanuele Castagno
Medico Chirurgo
Università degli Studi di Torino
Ospedale Infantile Regina Margherita
di Torino

Stefania Alfonsina Liguori
Medico Chirurgo
Università degli Studi di Torino
Ospedale Infantile Regina Margherita
di Torino

Maria Maddalena Lupica
Medico Chirurgo
Università degli Studi di Torino
Ospedale Infantile Regina Margherita
di Torino

Mario Marengo
Dirigente Farmacista
Ospedale Infantile Regina Margherita
di Torino

Roberto Miniero
Professore Associato di Pediatria
Facoltà di Medicina e Chirurgia
Università degli Studi "Magna Graecia"
di Catanzaro

Elisabetta Palumeri
Medico Chirurgo
Dottorato di Ricerca in Pediatria
Sperimentale
Università degli Studi di Torino
Ospedale Infantile Regina Margherita
di Torino

Francesco Savino
Dirigente Medico di Pediatria
Ospedale Infantile Regina Margherita
Docente Scuola di Specializzazione
in Pediatria
Università degli Studi di Torino

Valentina Tarasco
Medico Chirurgo
Università degli Studi di Torino
Ospedale Infantile Regina Margherita
di Torino

Fabbisogni

1

F. Savino, E. Palumeri

1.1 Fabbisogni in pediatria

Il bambino malato, così come il bambino sano, deve essere alimentato in modo da soddisfare i suoi fabbisogni in termini di energia e nutrienti. La quantità e la qualità degli alimenti assunti influenzano la costituzione e le funzioni del suo organismo. Per una corretta alimentazione è necessario che l'assunzione di alimenti avvenga nel pieno rispetto delle funzioni dell'organismo e che non provochi squilibri eccessivi nell'omeostasi individuale. La determinazione qualitativa e quantitativa del supporto nutrizionale ha come punto di partenza l'identificazione dei fabbisogni del singolo soggetto in condizioni normali, e valuta le modificazioni necessarie per tenere conto delle particolari condizioni cliniche in grado di modificare la tolleranza ai vari substrati. Al fine di non incorrere in sovra o sottostime, il calcolo dei fabbisogni deve riferirsi al peso reale del paziente, considerando il peso ideale solo nei casi che si discostano nettamente dalla normalità.

Il *fabbisogno energetico* viene definito come apporto di energia di origine alimentare necessaria a compensare il dispendio energetico di individui che mantengano un livello di attività fisica sufficiente per partecipare attivamente alla vita sociale ed economica e che abbiano dimensioni e composizione corporee compatibili con un buono stato di salute a lungo termine (secondo la definizione FAO/WHO/ONU 1985) [1]. Partecipano alla spesa energetica totale delle 24 ore le seguenti componenti: metabolismo basale, termogenesi indotta dalla dieta, attività fisica e, per l'età pediatrica, una quota di energia necessaria per l'accrescimento. La minima quantità di nutrienti necessaria per mantenere uno stato di salute è stata anche più recentemente calcolata in Italia dall'Istituto Nazionale della Nutrizione Umana mediante i Livelli di Assunzione Raccomandati di energia e Nutrienti per la popolazione italiana (LARN, 1996) [2]. Negli Stati Uniti le indicazioni sono rappresentate dalle *Recommended Dietary Allowance* (RDA) e *Adeguate Intake* (AI) elaborate dal *Food and Nutrition Board* [3,4].

Nutrizione parenterale in pediatria. Francesco Savino et al.

Questi apporti raccomandati, sebbene prendano in considerazione alcune variabili individuali, derivano da studi epidemiologici su soggetti sani che si alimentano normalmente e mirano a proteggere l'intera popolazione dal rischio di carenze nutrizionali. Va considerato che gli apporti minimi raccomandati dai LARN non si riferiscono a pazienti con patologie acute o croniche, quali i soggetti che necessitano di nutrizione parenterale (NP), e vanno quindi utilizzati solo come punto di partenza nel calcolo dei fabbisogni nutrizionali teorici.

1.2 Il fabbisogno energetico di bambini e adolescenti

Un fattore importante da considerare per la NP è il *fabbisogno energetico.* L'apporto energetico ha lo scopo di fornire i fabbisogni nutrizionali del paziente (metabolismo di base, attività fisica, crescita e trattamento della malnutrizione preesistente) e promuovere le funzioni anaboliche [5,6]. Un eccessivo intake energetico può causare iperglicemia, aumento della deposizione di grasso corporeo, steatosi epatica e altre complicazioni. D'altra parte, un ridotto apporto calorico può provocare malnutrizione, alterazione della risposta immunologica e crescita inadeguata. In generale, i bambini richiedono più calorie quando nutriti per via enterale che parenterale. Inoltre, il fabbisogno energetico è influenzato dallo stato nutrizionale, da malattie intercorrenti, dall'intake e dalle perdite energetiche, dall'età e dal sesso. Durante la pubertà e l'adolescenza la spesa energetica è influenzata dal sesso, dalla composizione corporea e dalla stagione, ma non dallo stadio puberale.

Il dispendio energetico totale è dato dalla somma di differenti componenti che possono essere divisi in quattro gruppi:

- il **metabolismo di base** (MB o BMR, *basal metabolic rate,* o BEE, *basal energy expenditure*): rappresenta la quantità di energia utilizzata per compiere i lavori interni richiesti dall'organismo per le attività di base necessarie al suo normale funzionamento (sintesi o degradazione dei costituenti cellulari, cicli biochimici, pompe ioniche). Questo fabbisogno non include i processi d'attività fisica o i processi legati alla degradazione e all'assorbimento del cibo. È un "indice" che viene misurato sul paziente a riposo, a digiuno da 12-24 ore, a temperatura ambiente costante prima di incominciare qualsiasi sua attività giornaliera. I fattori influenzanti il metabolismo basale sono età, sesso, composizione corporea, temperatura corporea e ambientale, stato nutrizionale, situazione ormonale e l'eventuale assunzione di farmaci. Si esprime come quantità di energia (o lavoro) per unità di tempo: kcal/min, kcal/giorno (kJ/minuto; kJ/giorno). Nella pratica solitamente si considera il dispendio energetico a riposo (REE, *resting energy expenditure*), che può differire al massimo del 10% dal metabolismo di base. L'MB può aumentare in alcune condizioni patologiche quali stati infiammatori, febbre, malattie croniche come quelle cardiache o polmonari o può diminuire in risposta a un basso apporto energetico.
- la **termogenesi indotta dalla dieta** (TID o DIT, *diet induced thermogenesis*):

rappresenta l'incremento del dispendio energetico in seguito all'assunzione di alimenti (7-13% del dispendio energetico totale). Si distingue la termogenesi facoltativa (25%), legata alla quantità di alimenti assunti, e la termogenesi obbligatoria (75%), dovuta all'utilizzazione dei singoli nutrienti (processi fisiologici e metabolici). La TID varia in funzione della quantità, del tipo di alimenti ingeriti e della via di somministrazione (orale, enterale, parenterale). Lo stimolo termogenico maggiore è dato dalle proteine e dagli aminoacidi (10-35% dell'energia ingerita), mentre valori inferiori sono attribuibili a carboidrati (5-10% dell'energia ingerita) e lipidi (2-5%). Durante la NP totale, la TID e il quoziente respiratorio sono influenzati dalla modalità di somministrazione della NP (continua, ciclica).

- il costo energetico dell'**attività fisica,** che dipende strettamente da tipo, frequenza e intensità dell'attività condotta dal paziente. Nei bambini più grandi rappresenta un larga proporzione del dispendio energetico, nel bambino allettato ospedalizzato è ridotto, mentre nel bambino che effettua una terapia parenterale domiciliare e che può frequentare la scuola non è diminuito. L'apporto del fabbisogno energetico relativo all'attività fisica viene calcolato moltiplicando il valore di BMR per una costante; quella generalmente usata per i pazienti è 1,1 o 1,2, ma il valore diventa 1,0 per pazienti a letto, 1,2 per pazienti con una tranquilla attività e 1,4-1,5 per pazienti con un'attività più sostenuta.
- **crescita**: il rapido cambiamento nella maturazione degli organi e la crescita in altezza, soprattutto nei primi 2 anni e poi nell'adolescenza, costringono a un maggiore bisogno calorico rispetto a quello richiesto da un adulto. L'energia necessaria per mantenere l'accelerazione di crescita rappresenta il 30-35% delle richieste energetiche nel neonato a termine ed è ancora maggiore nei nati pretermine. Il costo energetico per una deposizione tessutale pari a 1 g varia da 4,9 kcal/g nei bambini prematuri a 6,4 kcal/g negli adulti con anoressia nervosa. Nei pazienti sottoposti a NP per lunghi periodi di tempo, la crescita e la composizione corporea devono essere attentamente valutati per assicurare un accrescimento corporeo ottimale. I bambini gravemente malnutriti necessitano di un supplemento calorico per la correzione del loro deficit accrescitivo (peso, altezza). In questi casi il fabbisogno energetico viene calcolato sulla base del 50° centile del peso e dell'altezza per età, piuttosto che sulla base del loro peso. In questo modo alle calorie giornaliere vengono aggiunte quelle necessarie per la crescita di recupero.

Il fabbisogno calorico, in chilocalorie (kcal) o chilojoules (kj), è specifico per ogni paziente: esso è determinato dal dispendio energetico basale (BEE) e dal grado di attività fisica, e varia con l'assunzione degli alimenti e con gli stati patologici. La misura del BEE si effettua con la calorimetria indiretta. Nel caso in cui non si disponga di tecniche di misurazione personalizzata del dispendio energetico (calorimetria indiretta), è possibile ricorrere alla formula di Harris-Benedict (HB), che fornisce una stima sufficientemente accurata del fabbisogno energetico totale, o ad altre formule quali quella della WHO e di Schofield [7]. I fattori più importanti che accomunano le equazioni sono il peso corporeo, l'età e l'altezza.

Ecco le equazioni:

WHO	maschi	$BEE = 12{,}2 \times Wt + 746$
	femmine	$BEE = 17{,}5 \times Wt + 651$
Schofield (WH)	maschi	$BEE = 16{,}25 \times Wt + 137{,}2 \times Ht + 515{,}5$
	femmine	$BEE = 8{,}365 \times Wt + 465 \times Ht + 200$
Harris-Benedict	maschi	$BEE = 66{,}47 + 13{,}75 \times Wt + 5{,}0 \times Ht - 6{,}76 \times age$
	femmine	$BEE = 655{,}10 + 9{,}56 \times Wt + 1{,}85 \times Ht - 4{,}68 \times age$
	bambini	$BEE = 22{,}1 + 31{,}05 \times Wt + 1{,}16 \times Ht$

Dove:

Wt = peso corporeo
Ht = altezza
Age = età

La formula di HB prevede correzioni per i coefficienti di attività e di patologia.

La formula di HB per fattori di correzione per patologia o attività stima il dispendio energetico a riposo (REE). I fattori di correzione del fabbisogno energetico basale stimato con la formula di HB sono i seguenti:

Fattori di stress (SF)
Malnutrito 1,00
Chirurgia elettiva 1,10
Chirurgia complicata 1,25
Trauma o sepsi 1,25-1,50

Fattori di attività (AF)
Riposo assoluto 1,00
Allettato sveglio 1,10
Deambulante 1,25-1,50

Si suggerisce di scegliere un fattore di correzione di uno solo dei due gruppi.

Il dispendio energetico totale (TEE) è stimato con calcolo di REE (BEE × fattore di patologia o attività) + quota variabile dipendente da attività fisica + azione dinamico-specifica (ADS) dei nutrienti + temperatura (T°C), misurata con calorimetria indiretta.

La tolleranza all'apporto calorico è limitata dalla capacità di metabolizzare i substrati calorici, carboidrati (4-5 mg/kg/min corrispondenti a circa 5,76-7,2 g/kg/die) e lipidi (2,5 g/kg/die); in particolare, nel paziente critico si consiglia di non superare i 5 g/kg/die di carboidrati e 1 g/kg/die di lipidi per via venosa [8].

Un supporto nutrizionale precoce è assolutamente necessario per bambini VLBW (*very low birth weight*) e per bambini prematuri, a causa delle loro limitate riserve nutrizionali. Si pensa infatti che la miglior crescita si ottenga con una precoce NP.

Un neonato sottoposto a NP necessita di meno calorie rispetto a un neonato sottoposto a un'infusione per via enterale, poiché non c'è perdita energetica al seguito delle evacuazioni e poiché c'è minor termogenesi. Diversamente, è chiaro che un bambino VLBW necessiterà di molte calorie per crescere rispetto a un neonato normopeso.

Un caso particolare riguarda i bambini sottoposti a un intervento chirurgico. Molti studi mostrano che non è necessario un incremento energetico al seguito di un intervento chirurgico; questo perché la REE (spesa energetica rimanente) arriva a un massimo 2-4 ore dopo l'operazione e ritorna a dei livelli basali entro le 24 ore successive. L'incremento post-operatorio della REE è comunque sempre relativo alla severità dell'operazione ed è molto elevato in bimbi prematuri e nei neonati nelle prime 48 ore di vita. È stata proposta un'equazione che permette di prevedere il livello basale di energia richiesto da un bimbo d'età inferiore all'anno, stabile dal punto di vista chirurgico:

REE (cal/min) = - 74,436 + (34,661 × peso in kg) + (0,496 × battiti/min) + (0,178 × età espressa in giorni).

Nella sostanza, l'equazione rispecchia quella proposta dalla WHO, in più tiene in conto i battiti cardiaci. Secondo la WHO, per un bimbo di 1 anno, di circa 10 kg, non ha importanza se maschio o femmina nel senso che basta fare una media tra i valori che si trovano nelle due diverse equazioni, il risultato che si ottiene è REE = 61 × 10 – 53 = 557 kcal/die.

Secondo questa equazione, per un bimbo di un anno (365 giorni d'età), di 10 kg e con un battito cardiaco di circa 90 battiti/min, il risultato che si ottiene è: REE = -74,436 + (34,661 × 10) + (0,496 × 90) + (0.178 × 365) = 381,784 cal/min. Trasformando le cal in kcal e trasformando i minuti in un giorno (dove in un giorno ci sono 1440 minuti), il risultato che si ottiene con la seconda equazione è di 549 kcal/die, risultato non troppo diverso dalle 557 kcal/die della WHO (bisogna tenere conto che il numero di battiti al minuto è stato molto approssimato e non calcolato direttamente su un paziente).

L'apporto energetico deve essere adattato in pazienti con malattie che incrementano la REE come patologie polmonari (fibrosi cistica) o cardiache.

Il fabbisogno energetico in base all'età del paziente viene riportato nella Tabella 1.1. Il valore di 120-110 kcal/kg sarebbe il valore ottimale da raggiungere per un bilancio azotato positivo, ma non è sempre facile da raggiungere nel paziente critico, poiché la perdita di azoto è considerevole. È possibile affermare che il valore minimo in età neonatale è di 50-60 kcal/kg, calorie necessarie a coprire i fabbisogni di mantenimento. Per raggiungere un bilancio azotato positivo, il bilancio dovrebbe essere di 80-85 kcal/kg fornite da lipidi e glicidi più 2,7-3,5 g/kg di proteine. Allo stato attuale delle conoscenze, la sorgente calorica deve essere costituita sia da carboidrati sia da lipidi sia da proteine. L'aggiunta dei lipidi a una sacca per NP riduce del 50% l'ossidazione

Tabella 1.1 Fabbisogno energetico in base all'età del paziente

Età	kcal/kg
Immaturi	120-110
0-1 anno	120-90
1-7 anni	90-75
7-12 anni	75-60
12-18 anni	60-30

delle proteine e permette di ottenere un bilancio azotato molto più positivo rispetto a quello che si otterrebbe coi soli glicidi.

In particolare, è possibile analizzare il fabbisogno energetico considerando separatamente tre principali fasce d'età: 0-3 anni, 3-9 anni, 10-17 anni.

1.2.1 0-3 anni

Nella recente edizione dei LARN, il dispendio energetico dei bambini fino a 3 anni di età è stato calcolato sulla base dell'assunzione di alimenti osservata in un gruppo di bambini con crescita normale. Per quanto riguarda il primo semestre di vita, sono stati considerati i valori di assunzione di latte artificiale, che tuttavia presenta una densità energetica maggiore rispetto a quella del latte materno. Ciò nonostante, i bambini allattati al seno crescono più rapidamente nei primi mesi di vita, anche se meno rapidamente fra i 3 e i 12 mesi. Sebbene le differenze di peso e lunghezza tendano ad annullarsi nel corso del secondo anno di vita, si reputa preferibile usare i dati di assunzione di latte artificiale, in attesa di informazioni più chiare sul significato per la salute di una crescita più o meno accelerata in questa fase della vita (Tabella 1.2).

Nei primi anni di vita la maggiore esigenza calorica è legata all'incremento della perdita di calore per una superficie corporea più ampia rispetto al peso e alla maggiore percentuale di tessuto metabolicamente attivo. Nei primi mesi di vita l'80-90% dell'apporto calorico stimato è utilizzato per il mantenimento delle funzioni corporee e per la crescita, mentre il 10-15% per l'attività fisica. Dall'età di circa 9 mesi, il dispendio energetico per la crescita si riduce al 10%, mentre aumenta fino al 40% quello relativo all'attività fisica.

Tabella 1.2 Stima dei fabbisogni energetici giornalieri per kg di peso corporeo dei neonati e dei bambini fino a 3 anni di età [2]

Età (mesi)	Energia	
	kcal/kg	kJ/kg
1	115	480
3	100	420
6	96	400
9	96	400
12	96	400
18	96	400
24	96	400
30	96	400
36	96	400

1.2.2
3-9 anni

Il calcolo del fabbisogno di energia in questa fascia di età è stato fatto sulla base degli apporti energetici e non sulla base della stima del dispendio energetico. Considerata la diffusione di uno stile di vita sedentario e dell'obesità in età prepubere, è stato ritenuto opportuno raccomandare una riduzione dei livelli di assunzione di energia. In particolare, si è ritenuto di non aggiungere al fabbisogno energetico la maggiorazione del 5% per un desiderabile aumento dell'attività fisica, contrariamente a quanto indicato dalla commissione di esperti FAO/WHO/UNU [1] e recepito nelle precedenti edizioni dei LARN [2] (Tabella 1.3).

Tabella 1.3 Stima dei fabbisogni energetici giornalieri per kg di peso corporeo dei bambini di età compresa fra i 3 e i 9 anni di età [2]

Età (anni)	Energia			
	Maschi		Femmine	
	kcal/kg	kJ/kg	kcal/kg	kJ/kg
3,5	94	395	90	375
4,5	90	375	87	365
5,5	87	365	84	350
6,5	84	350	79	330
7,5	79	330	73	305
8,5	73	305	66	275
9,5	68	285	59	245

1.2.3
10-17 anni

In questa fascia di età, il calcolo del fabbisogno energetico può essere effettuato come per gli adulti. Il MB viene dunque calcolato a partire dalle equazioni di Schofield, utilizzando il peso osservato o quello desiderabile.

Maschi: BEE = 17,7 Wt + 650 oppure 16,2 Wt + 136 Ht + 516
Femmine: BEE = 13,4 Wt + 693 oppure 8,36 Wt + 466 Ht + 201
Dove:

Wt = peso corporeo
Ht = altezza

Il livello di attività fisica è stato calcolato, come per gli adulti, in base alle abitudini di vita individuali. Secondo i dati pubblicati dell'indagine Multiscopo ISTAT [9], è stato rilevato che la giornata tipo di un adolescente viene trascorsa prevalentemente in attività di intensità lieve (scuola, pasti, igiene personale, televisione, parte dei giochi, delle attività sociali e degli spostamenti) o moderata (passeggiate, piccoli lavori domestici, parte dei giochi, delle attività sociali e degli spostamenti), mentre non più di mezz'ora al giorno è dedicata ad attività intensa (attività sportiva). Assumendo che i giochi, le attività sociali, il lavoro, gli spostamenti e le altre attività trascorse nel tempo libero possano essere classificate per il 50% come lieve e per il 50% come moderate e applicando i valori dei costi energetici indicati dal *Scientific Committee for Food* della Commissione Europea, sono stati stimati i livelli di attività fisica validi per i ragazzi e le ragazze italiane.

Infine, sebbene il costo energetico per l'accrescimento rappresenti a questa età una quota minima del fabbisogno globale, è possibile aggiungere 5 kcal (20 kJ) per ogni grammo di tessuto deposto ogni giorno. Tale quantità può essere stimata dividendo per 365 la differenza tra il peso desiderabile all'età subito superiore e il peso desiderabile all'età subito inferiore (Tabella 1.4).

Tabella 1.4 Stima dei fabbisogni energetici giornalieri dei bambini di età compresa fra i 10 e i 17 anni [2]

Età (anni)	Energia (kcal/giorno)	
	Maschi	Femmine
10,5	1907-2213	1666-1924
11,5	1991-2340	1737-2046
12,5	2086-2479	1816-2175
13,5	2230-2687	1878-2219
14,5	2274-2791	1862-2294
15,5	2393-2976	1898-2338
16,5	2473-3117	1928-2386
17,5	2512-3211	1940-2408

1.3 Liquidi

L'acqua è quantitativamente il componente predominante dell'organismo umano: infatti rappresenta circa il 60% del peso di un individuo adulto. Tale percentuale è maggiore nell'infanzia (alla nascita è circa il 77% del peso corporeo), e diminuisce progressivamente con l'età e/o con l'aumentare dei depositi adiposi. Il metabolismo dell'acqua è strettamente legato a quello del sodio. Nell'adulto l'acqua totale corporea è distribuita per il 67% all'interno delle cellule, ove costituisce il liquido intracellulare (LIC) che, in condizioni fisiologiche, è un indice della massa cellulare corporea. In effetti, la quantità di acqua intracellulare è strettamente collegata con la massa cellulare metabolicamente attiva di un organismo, e pertanto tale parametro rispecchia lo sviluppo e l'accrescimento della massa cellulare corporea. Il rimanente 33% è esterno alle cellule e costituisce il liquido extracellulare (LEC), che comprende il liquido interstiziale (23%), il plasma (7%), la linfa (2%) e il liquido transcellulare (1%). Il rapporto LEC/LIC, massimo nel neonato, si riduce progressivamente con l'età.

Oltre all'acqua introdotta con gli alimenti (500-700 ml) e con le bevande (800-1500 ml), che viene assorbita nell'intestino, bisogna considerare l'acqua metabolica (circa 350 ml/die) prodotta dalla respirazione cellulare, tenendo conto che l'ossidazione di 1 g di proteina produce 0,39 g di acqua, quella di 1 g di amido 0,56 g di acqua e quella di 1 g di grasso 1,07 g di acqua. È il metabolismo dei carboidrati che maggiormente contribuisce alla produzione di acqua metabolica, essendo questi la fonte energetica principale della nostra alimentazione.

Il fabbisogno di acqua varia molto da individuo a individuo, e dipende dalla composizione della dieta, dal clima e dall'attività fisica. In condizioni fisiologiche, il turnover giornaliero di acqua corrisponde al 15% del peso corporeo nei primi mesi di vita e al 6-10% del peso corporeo nell'adulto. Il bambino è particolarmente a rischio di carenza di acqua, per via della maggior quantità di acqua corporea per unità di peso, del turnover più veloce dell'acqua corporea, e della ridotta capacità dei reni di eliminare il carico di soluti derivante dalle proteine. Pertanto si raccomanda un apporto di 1,5 ml/kcal di energia spesa, che tra l'altro corrisponde al rapporto acqua/energia del latte materno e delle formule pediatriche.

Fabbisogno idrico:

- Per superficie corporea → 1500-1800 ml /mq /die
- Per peso corporeo:

1-10 kg: 120-150 ml/kg/die
11-20 kg: 1000 ml + 50 ml/kg per ogni kg oltre i 10 kg
oltre 20 kg: 1500 ml + 20 ml/kg per ogni kg oltre i 20 kg

Il calcolo esatto dei liquidi da somministrare deve tenere conto, oltre che del peso del paziente, delle perdite urinarie ed extraurinarie (vomito, diarrea, drenaggi, fistole, sudorazione, febbre).

1.4 Proteine

La sintesi proteica è un processo che costa energia e che quindi condiziona il fabbisogno energetico e l'efficienza di utilizzazione dell'energia, mentre dall'altro la disponibilità di energia influenza lo stato del metabolismo non solo proteico ma di tutto l'organismo. Quando si considera la quota proteica si deve quindi presupporre che la dieta sia energeticamente adeguata.

I fabbisogni proteici, e le loro variazioni per effetto della patologia di base e dello stato metabolico del paziente, non sono misurabili nella pratica clinica ma possono solo essere stimati mediante il bilancio dell'azoto (N), cioè dalla differenza tra azoto introdotto e azoto perduto.

La perdita di azoto è utilizzata anche per definire lo stato metabolico del paziente:

- normale (perdita di N < 5 g/die)
- catabolismo lieve (perdita di N = 5 - 10 g/die)
- catabolismo aumentato (perdita di N = 10 - 15 g/die)
- catabolismo grave (perdita di N > 15 g/die).

Il fabbisogno proteico (6,25 g di proteine = 1 g di azoto) viene programmato in relazione alla finalità della nutrizione artificiale: contenimento delle perdite, ripristino del patrimonio proteico perduto, mantenimento delle scorte proteiche. Il fabbisogno proteico dell'adulto in assenza di insufficienza d'organo (con funzione renale ed epatica normale) varia tra 0,8 e 2 g/kg/die (fabbisogno di azoto 0,13-0,35 g/kg/die), costituendo il 7-15% delle calorie totali [10].

Per quanto riguarda il fabbisogno proteico nei primi sei mesi di vita, le attuali raccomandazioni di assunzione di proteine sono sotto intensa revisione alla luce dei risultati delle indagini epidemiologiche che negli ultimi anni hanno riguardato gruppi di bambini allattati al seno e artificialmente. Il lattante sano alimentato al seno materno rappresenta la norma dell'alimentazione almeno nei primi sei mesi di vita. Pertanto il suo consumo di energia e proteine viene considerato soddisfacente per la crescita, e i suoi parametri metabolici e antropometrici sono da considerare come termine di riferimento per valutare l'adeguatezza di proteine alimentari di altra provenienza [11, 12]. La stima della composizione del latte materno in termini di costituenti azotati proteici e non proteici è molto complessa. Secondo i dati più recenti, il contenuto proteico grezzo del latte materno si aggira intorno agli 8-10 g/l; l'azoto non proteico rappresenta circa il 25% dell'azoto totale, con il 50% costituito da urea, la cui concentrazione varia con lo stadio della lattazione. Entrano a far parte dell'azoto non proteico anche altre sostanze, come peptidi, aminoacidi, glucosamine, nucleotidi, poliamine, ecc, che rappresentano insieme circa il 27% dell'azoto non proteico e che svolgono importanti funzioni nutrizionali. Sulla base degli studi che indicano un effetto benefico del latte materno attraverso componenti azotate varie non comprese nelle cosiddette "proteine nutrizionali", è opportuno mantenere il consiglio di allattare il bambino con latte materno nei primi 6 mesi di vita e di operare un'integrazione nei mesi successivi con alimenti contenenti proteine adeguate per quanto riguarda la qualità nutrizionale. Nel caso che nell'allattamento si debba ricorrere a formule, esse debbono essere opportunamente adattate in modo che, una volta assicurata la copertura in energia, risultino equivalenti per qualità e quantità alle proteine del latte materno (Tabella 1.5).

Tabella 1.5 Stime del fabbisogno in proteine e assunzione raccomandata nei primi sei mesi di vita (in g/kg di peso corporeo/die) [2]

Età (mesi)	Fabbisogno (consumo di latte materno)	Fabbisogno (metodo fattoriale)	Assunzione raccomandata[1]
0-1	2,09	1,98	2,6
1-2	1,59	1,71	2,2
2-3	1,18	1,46	1,8
3-4	1,06	1,27	1,5
4-5	1,00	1,18	1,4
5-6	0,95	1,18	1,4

[1] L'assunzione raccomandata corrisponde al fabbisogno - calcolato con il metodo fattoriale (terza colonna) - incrementato di un fattore di variabilità individuale: +26% nei due primi mesi e +10% tra 2 e 6 mesi.

Oltre i sei mesi di vita i bisogni sono calcolati con il metodo fattoriale e al fabbisogno per il mantenimento (120 mg N/kg/giorno valore medio intorno all'anno di età) é aggiunto quello per la crescita. Ciò si ottiene incrementando del 30% i fabbisogni totali.

I livelli di assunzione proteica raccomandata sono evidenziati nella Tabella 1.6, in cui vengono messi in rilievo per ogni fascia di età i valori del livello di sicurezza e di tale livello corretto per la qualità proteica. È stato proposto il valore medio incrementato di 2 deviazioni standard ("valore di sicurezza", riferito a proteine di alto valore biologico, con utilizzazione del 100%), assoluto e corretto per il valore della qualità proteica della dieta pari a 0,79.

Tabella 1.6 Livelli di assunzione raccomandata di proteine [2]

	Età (anni)	Livello di sicurezza (g proteine/kg peso corporeo/die)	Livello di sicurezza corretto per la qualità proteica (g/kg peso corporeo/die)
	0,50-0,75	1,65	2,09
	0,75-1,00	1,48	1,87
	1,5	1,17	1,48
	2,5	1,13	1,43
	3,5	1,09	1,38
	4,5	1,06	1,34
	5,5	1,02	1,29
	6,5	1,01	1,28
	7,5	1,01	1,28
	8,5	1,01	1,28
	9,5	0,99	1,25
Maschi	10,5	0,99	1,25
	11,5	0,98	1,24
	12,5	1,00	1,27
	13,5	0,97	1,23
	14,5	0,96	1,22
	15,5	0,92	1,17
	16,5	0,90	1,14
	17,5	0,86	1,09
Femmine	10,5	1,00	1,27
	11,5	0,98	1,24
	12,5	0,96	1,22
	13,5	0,94	1,19
	14,5	0,90	1,14
	15,5	0,87	1,10
	16,5	0,83	1,05
	17,5	0,80	1,01
Adulto		0,75	0,95

La percentuale di aminoacidi essenziali rispetto al totale cala in maniera drammatica con l'età, passando dal 43% dell'azoto totale sotto un anno di età a circa l'11% nell'adulto [13].

1.5 Carboidrati

I principali carboidrati di interesse alimentare possono essere distinti, in base alla struttura chimica, in semplici e complessi. I carboidrati semplici, comunemente detti zuccheri, comprendono i monosaccaridi, quali il glucosio e il fruttosio, e i disaccaridi, quali il saccarosio, il maltosio e il lattosio. I carboidrati complessi, o polisaccaridi, comprendono l'amido e la fibra alimentare. L'amido è costituito da polimeri di glucosio lineari (amilosio) e ramificati (amilopectina) in proporzioni variabili. Altri carboidrati complessi non disponibili sono la cellulosa, le pectine, le emicellulose, e una varietà di gomme e mucillagini di varia origine. Queste sostanze, insieme alla lignina (un polimero della parete cellulare vegetale non composto da carboidrati), vengono usualmente definite con il termine generale di fibra alimentare.

Il valore energetico dei carboidrati è variabile: si attribuisce un valore calorico di 4 kcal/g (17 kJ/g) ai carboidrati disponibili (amido e zuccheri) e di 2,4 kcal/g (10 kJ/g) ai polialcoli. La fibra alimentare introdotta con una dieta mista rappresenta invece una modesta fonte di energia per l'uomo, stimabile in 1,5 kcal/g (6 kJ/g). Tuttavia, tale apporto energetico è in pratica trascurabile ai fini del bilancio energetico, dato che è controbilanciato da una riduzione nell'assorbimento di alcuni nutrienti indotta dalla fibra stessa.

L'essenzialità del glucosio quale fonte di energia deriva dal fatto che alcuni tessuti, in particolare il sistema nervoso e la midollare del surrene, in condizioni normali utilizzano il glucosio come fonte elettiva di energia, e che inoltre gli eritrociti sono dipendenti dalla glicolisi per il loro metabolismo energetico. La biodisponibilità di glucosio è pertanto essenziale per il corretto funzionamento di tali tessuti, e riduzioni della glicemia comportano gravi conseguenze cliniche. Tuttavia, sulla base del fatto che l'uomo è capace di trasformare alcuni aminoacidi e il glicerolo in glucosio, e non ha quindi uno specifico fabbisogno alimentare per i carboidrati, una volta garantito un sufficiente apporto di proteine e trigliceridi, non si può parlare per i carboidrati di essenzialità - nel senso almeno in cui il termine viene comunemente applicato ad aminoacidi, acidi grassi, vitamine e sali minerali, nel qual caso per essenzialità si intende l'incapacità dell'organismo a sintetizzarli - ma di "necessarietà". Si è infatti concordi nel sostenere che è bene che una ragionevole proporzione del fabbisogno energetico derivi dai carboidrati. Una dieta troppo ridotta in carboidrati porta infatti all'accumulo di corpi chetonici, a un eccessivo catabolismo delle proteine tessutali e alla perdita di cationi, specialmente sodio. Questi effetti possono essere prevenuti dall'ingestione di 50-100 g/die di carboidrati.

Generalmente però la quantità di carboidrati introdotti nella dieta umana è considerevolmente superiore al livello minimo di "necessarietà". È opportuno raccomandare un apporto di carboidrati pari al 55% del fabbisogno energetico totale. Solo nei primi mesi di vita l'apporto glucidico deve essere inferiore, risultando pari al 40-45% delle calorie totali a causa del maggiore introito lipidico. Per il lattante è molto importante il galattosio (cerebrosidi per i processi di mielinizzazione). I principali alimenti fonte di carboidrati sono rappresentati da cereali, legumi, verdura, frutta, derivati del latte e dolci. In particolare, cereali, legumi e frutta sono indispensabili fonti di zuccheri complessi, a lento assorbimento e a basso indice glicemico. Il livello di zuccheri semplici nella dieta (glucosio, fruttosio, lattosio) non dovrebbe superare il 10-12% dell'energia giornaliera, favorendo il consumo di frutta e verdure e limitando il consumo di saccarosio. Poiché la dieta del bambino è generalmente più ricca di zuccheri semplici di quella dell'adulto, in relazione al più elevato consumo di latte, frutta, succhi di frutta e alimenti dolci, può essere accettabile in questa fascia di età una presenza di zuccheri semplici sino al 15-16% dell'energia, ferma restando la raccomandazione della limitazione nel consumo di saccarosio e una corretta educazione all'igiene orale. Dopo i 2 anni gli zuccheri semplici vanno limitati al 10% delle calorie totali per evitare brusche variazioni glicemiche.

1.6 Fibre

Pur non potendosi considerare un nutriente, la fibra alimentare esercita effetti di tipo funzionale e metabolico che la fanno ritenere un'importante componente della dieta umana. Oltre che all'aumento del senso di sazietà e al miglioramento della funzionalità intestinale e dei disturbi ad essa associati (stipsi), l'introduzione di fibra con gli alimenti è stata messa in relazione alla riduzione del rischio per importanti malattie cronico-degenerative, in particolare i tumori al colon-retto, il diabete e le malattie cardiovascolari.

Poiché sulla base dell'evidenza scientifica è tuttora difficile discriminare il contributo diretto della fibra da quello di altri componenti presenti in una dieta ricca in alimenti vegetali (minerali, vitamine, antiossidanti non nutrienti, carboidrati complessi) al mantenimento dello stato di salute, un aumento dell'assunzione di fibra rispetto ai valori attuali sembra auspicabile, purché derivante da un più elevato consumo di alimenti ricchi di fibra (cereali, legumi, verdure e frutta) piuttosto che da concentrati di fibra.

Nei bambini, così come negli anziani, la tolleranza a livello gastrointestinale è variabile; inoltre potrebbe occasionalmente verificarsi il problema della chelazione di sali minerali o comunque la perdita di nutrienti. In età pediatrica il livello auspicabile di assunzione di fibra - che tenga conto di questi problemi e nel contempo permetta un graduale raggiungimento dell'obiettivo per l'età adulta - può essere calcolato con la formula età anagrafica in anni maggiorata di 5 con un limite massimo di sicurezza rappresentato dall'età anagrafica maggiorata di 10 ed espressa in g/die (*American Health Foundation*, 1994) [14]. In alternativa si può raccomandare un apporto di fibra pari a 0,5 g/die/kg di peso corporeo (*American Academy of*

Pediatrics, 1993) [15]. È comunque da sottolineare che adeguate quantità di fibra alimentare per l'età pediatrica possono essere raggiunte semplicemente incoraggiando il consumo abituale di cereali, legumi e verdure. In bambini sani e che non seguano particolari terapie dietetiche, l'introduzione graduale e progressiva di alcuni alimenti di origine vegetale è auspicabile già nel corso del divezzamento nella seconda metà del primo anno di vita, oltre che per l'apporto di una sufficiente quantità di fibra anche per permettere una naturale accettazione di un corretto regime alimentare dopo il primo anno.

Tutte le raccomandazioni sull'introito di fibre alimentari devono essere subordinate a un consumo adeguato d'acqua (non meno di 1,5 litri/giorno per un soggetto adulto sano).

1.7 Lipidi

I lipidi svolgono nell'organismo umano tre funzioni fondamentali: sono un'importante riserva energetica (1 g fornisce circa 9 kcal); sono componenti fondamentali delle membrane cellulari in tutti i tessuti; sono precursori di sostanze regolatrici del sistema cardiovascolare, della coagulazione del sangue, della funzione renale e del sistema immunitario.

I lipidi alimentari, oltre a fornire energia, fungono da trasportatori per le vitamine liposolubili e provvedono al fabbisogno di acidi grassi essenziali (AGE o EFA = *essential fatty acids* - *ω3 e ω6*). Chimicamente, gli AGE comprendono acidi grassi poliinsaturi a 18 o più atomi di carbonio, aventi il primo doppio legame in posizione 3 o 6 a partire dal gruppo metilico della catena carboniosa. Ciò è indicato con la lettera *n* oppure ω. Sono essenziali per l'uomo perché questi non è in grado di introdurre doppi legami in posizione 3 o 6, mentre può "desaturare" verso l'estremità carbossilica e può inoltre allungare la catena carboniosa. Essenziali sono l'acido linoleico (18:2ω 6) e l'acido a-linolenico (18:3ω 3), i quali possono essere convertiti nell'organismo in altri acidi grassi poliinsaturi della serie ω 6 ed ω 3 rispettivamente. La conversione di acidi grassi della serie ω 6 in acidi grassi della serie ω 3 e viceversa non è invece possibile.

Gli acidi grassi saturi hanno prevalentemente significato energetico; gli acidi grassi poliinsaturi hanno invece importanti ruoli strutturali e metabolici, sono utili nella prevenzione di dismetabolismi lipidici e dell'aterosclerosi, ma per le loro caratteristiche hanno un'aumentata necessità di protezione dalle perossidazioni. È opportuno perciò, nei casi di elevate assunzioni di acidi grassi poliinsaturi, aumentare l'apporto di tocoferoli o di altri antiossidanti.

Dati epidemiologici dimostrano che, dopo il periodo di allattamento esclusivo, in cui l'assunzione lipidica raggiunge e supera il 50% delle calorie totali giornaliere nel bambino alimentato con latte materno, ed è intorno al 47-48% in quello alimentato con formula, l'assunzione di lipidi scende gradualmente, e si osserva un'ampia variabilità a 24 mesi di vita quando i lipidi assunti variano dal 27% al 42% delle calorie totali a seconda del paese e della regione geografica. In età adulta la percentuale di grassi totali nella dieta è stata stimata intorno al 32%.

L'entità dell'apporto lipidico ritenuta adatta per la popolazione italiana è del 35-40% dell'energia totale fino al secondo anno di vita (non sono richieste restrizioni particolari), del 30% fino all'adolescenza e del 25% nell'età adulta. Gli acidi grassi saturi dovrebbero costituire una quota inferiore al 10% delle calorie totali.

In riferimento al bisogno in acidi grassi essenziali, gli studi fino ad ora condotti documentano sostanzialmente due aspetti: l'importanza dell'apporto di derivati a lunga catena della serie ω 3 nella prevenzione delle malattie cardiocircolatorie ed il ruolo degli acidi g-linolenico (18:3ω 6) e stearidonico (18:4ω 3) nell'influenzare positivamente il metabolismo lipidico. La carenza in acidi grassi essenziali può essere valutata attraverso vari parametri, tra cui l'indice di Mead, espresso dal rapporto tra l'acido eicosatrienoico (20:3ω 9) e l'acido arachidonico (20:4ω 6) nei fosfolipidi sierici: valori che superano lo 0,4 sono da considerarsi orientativamente patologici.

L'assunzione lipidica corretta dovrebbe quindi prevedere un giusto equilibrio fra acidi grassi precursori e derivati che nelle condizioni di normalità apportino buone quantità di 18:2ω 6 e 18:3ω 3 e piccole quantità di 18:3ω 6, 18:4ω 3, 20:5ω 3, 20:4ω 6 e 22:6ω 3. La disponibilità di adeguate quantità di acidi grassi essenziali precursori e derivati è importante anche per la crescita e lo sviluppo del neonato. In particolare, gli acidi arachidonico e docosaesaenoico sono necessari per le strutture cerebrali e retiniche; la capacità di immagazzinamento del feto e l'approvvigionamento attraverso il latte materno nel neonato sembrano soddisfare i fabbisogni; qualche problema al riguardo può sorgere nei neonati prematuri che non hanno accumulato sufficienti riserve di tali acidi grassi e che spesso non vengono allattati al seno [16]. Nei bambini e ragazzi le quantità di ω 6 e ω 3, espresse come percentuale dell'energia, sono più elevate (2-3% per ω 6 e 0,5% per ω 3).

Si raccomanda che l'assunzione abituale di acidi grassi poliinsaturi rimanga sotto i livelli massimi così indicati:

- acidi grassi poliinsaturi ω 3: 5% dell'energia della dieta
- acidi grassi poliinsaturi totali ω3 ed ω6: 15% dell'energia della dieta.

Nel nostro Paese l'assunzione dei sopracitati acidi grassi è globalmente intorno al 6% dell'energia e il rapporto ω 6/ω 3 di circa 13:1.

Per quanto riguarda il colesterolo, è noto che l'organismo ha la capacità di sintetizzarlo a partire dal precursore acetil-coA che rappresenta il catabolita comune ai tre metabolismi (proteine, carboidrati e lipidi). Il colesterolo esogeno presente nella dieta, e in particolare quello assunto attraverso il latte materno nei primi mesi di vita, attiva la soppressione feed-back sull'HMGCoA reduttasi, l'enzima condizionante la sintesi di colesterolo. Il lattante alimentato al seno ha un intake maggiore di grassi saturi e di colesterolo esogeno, una sintesi di colesterolo endogeno inferiore e presenta livelli di colesterolemia superiori rispetto al lattante alimentato con una formula adattata, che contiene quantitativi standard inferiori (pari al 25% del quantitativo presente nel latte materno, che può variare da 5,3 a 15,2 mg/dl); se queste differenze biochimiche e metaboliche possano costituire vantaggio o svantaggio in epoche successive della vita è attualmente oggetto di studio: sembrerebbe addirittura che un maggiore intake di colesterolo esogeno nelle prime epoche della vita, oltre a garantire la copertura dei fabbisogni strutturali in un organismo in rapida crescita che possiede capacità di sintesi endogena limitate, possa determinare una minore attivazione dell'HMGCoA reduttasi; si ipotizza che questo fatto, a distanza di anni, e cioè nell'età adulta, possa portare ad avere dei livelli di colesterolemia più bassi [17].

Il livello soglia di assunzione di colesterolo per la media di popolazione è stato stabilito di 100 mg/1000 kcal nel bambino (WHO, 1990) [18]. Particolare attenzione è stata posta negli ultimi anni nel valutare gli apporti nutrizionali di acidi grassi in forme isomeriche non fisiologiche quali gli acidi grassi trans (contenuti principalmente nelle margarine vegetali), che non dovrebbero superare i 5 g/die. Infatti, studi recenti suggeriscono un ruolo negativo degli acidi grassi trans nell'ambito del processo aterogenetico. L'assunzione di acidi grassi trans nell'alimentazione italiana è in media di solo 1,3 g/die, contro i 5-10 g rilevati in Paesi con consumi elevati di grassi idrogenati (USA, Canada, Germania, Svezia e UK).

1.8 Minerali

I minerali svolgono un ruolo importante all'interno dell'organismo, in quanto entrano nella costituzione delle cellule e dei tessuti dell'organismo, e derivano dagli alimenti e dalle bevande introdotti. Si distinguono macro e microminerali, ovvero elementi principali (calcio, fosforo, potassio, sodio, cloro, magnesio, zolfo) presenti in quantità relativamente elevata dell'ordine del grammo (macroelementi), e piccole quantità dell'ordine del milligrammo o meno di altri elementi (microelementi: ferro, zinco, rame, manganese, iodio, fluoro, cromo, selenio, molibdeno, cobalto). Attualmente sono ritenuti essenziali circa 1/3 degli oligoelementi minerali conosciuti (cromo, manganese, ferro, cobalto, rame, selenio, molibdeno, iodio), anche se non per tutti sono stati messi in evidenza sintomi specifici di carenza nell'uomo. Non sono stati ancora riconosciuti come essenziali altri elementi traccia o ultratraccia (così chiamati perché presenti in concentrazioni inferiori al microgrammo per grammo di dieta) quali litio, vanadio, silicio, nickel, arsenico, piombo, fluoro [19].

1.8.1 Calcio

Il calcio è il minerale più largamente rappresentato nell'organismo umano, contenuto nella misura del 99% nello scheletro e nei denti. Il rimanente 1% è ripartito tra tessuti molli e liquidi extracellulari; in questi ultimi la quota ionizzata (45% circa) rappresenta la quota funzionalmente attiva. Soprattutto in ambito pediatrico, il calcio svolge un ruolo strutturale nelle ossa e costituisce una riserva per il mantenimento della concentrazione plasmatica, grazie alle azioni omeostatiche svolte dagli ormoni calcio-regolatori: paratormone, calcitriolo (1,25 OH-colecalciferolo) e calcitonina. Nell'ambito extra e intracellulare il calcioione è richiesto per lo svolgimento di funzioni altamente specializzate (attivazioni enzimatiche, trasmissione dell'impulso nervoso, contrazione muscolare, permeabilità delle membrane, moltiplicazione e differenziazione cellulare). Eccessi di calcio nell'organismo derivanti da ingestione con la dieta sono rari. Si possono verificare in seguito a inappropriata somministrazione di vitamina D, e provocare nefrolitiasi e nefrocalcinosi. Un apporto elevato di calcio con la dieta sembra essere in grado di inibire l'assorbimento intestinale di altri minerali quali il ferro e lo zinco. Si ritiene che una deficienza cronica di calcio alimentare nella fase di accrescimento corporeo possa in seguito determinare una ridotta densità minerale dell'osso rispetto al picco di massa ossea, raggiunto tra i 20 e i 30 anni (maturità scheletrica). Dopo questo picco si verifica, qualunque sia il livello di assunzione di calcio, una graduale riduzione della densità minerale dell'osso. La migliore protezione nei riguardi di questa riduzione consiste nell'ottenere un picco di massa ossea il più possibile vicino a quello geneticamente programmato. Situazioni carenziali acute sono rare: si possono verificare nei lattanti alimentati con formule con basso rapporto Ca/P o alimentati al seno senza integrazione di vitamina D. Per il lattante, la migliore fonte di calcio è il latte materno: sebbene sia contenuto in quantità vicine al fabbisogno minimo e in misura minore rispetto al latte vaccino, presenta una una biodisponibilità maggiore ed è sufficiente a garantire un'adeguata mineralizzazione dello scheletro. Nei nati pretermine, l'uso del tratto gastrointestinale per fornire tutti i nutrienti per la crescita causa un'ampia riduzione della disponibilità di calcio. Inoltre il suo assorbimento è influenzato dalle riserve di vitamina D presenti alla nascita. Pertanto, l'apporto raccomandato di calcio per i nati pretermine varia tra 130-170 mg/kg/die con un rapporto calcio/fosforosi circa 1,8 per il periodo in cui l'assorbimento del calcio è del 45-60%. Nei bambini fra 1 e 10 anni la quota giornaliera media necessaria per l'accrescimento scheletrico aumenta da 70 a 150 mg, in considerazione del contenuto medio di calcio del tessuto osseo e della velocità di crescita. Tenendo conto che l'assorbimento netto del calcio è pari al 35% della quota ingerita, e che un ulteriore apporto del 30% va aggiunto per coprire la variabilità individuale, sono stati calcolati dei valori di 400-550 mg/die (Commission of the European Communities, 1993) [20]. Tuttavia, è stato mostrato che, aumentando l'assunzione di calcio nei bambini di 6-14 anni di età fino a 1000-1500 mg al giorno, è possibile ottenere un significativo aumento della massa scheletrica. Considerando l'insieme di questi studi, si ritiene adeguata la raccomandazione di 800 mg/die per i bambini da 1 a 6 anni, mentre nei bambini tra 7 e 10 anni si consiglia un aumento a 1000 mg al giorno. Nel periodo puberale si registrano uno sviluppo e un accumulo di massa scheletrica importanti e rapidi e valori di 1200 mg/die sono considerati sufficienti per garantire un bilancio ottimale.

1.8.2 Fosforo

Gran parte del fosforo presente nell'organismo (85%) è depositato nelle ossa insieme al calcio sotto forma di idrossiapatite; il rimanente 15% è situato nei tessuti molli e nei liquidi extracellulari, nei quali riveste un ruolo strutturale (fosfolipidi presenti in tutte le cellule e specialmente nel tessuto nervoso) e un ruolo funzionale (fosfati). È inoltre un componente del materiale genetico, poiché è un costituente delle nucleoproteine, e contribuisce alla regolazione dell'equilibrio acido-base dei fluidi corporei. L'omeostasi del fosforo è mantenuta dalle variazioni dell'escrezione renale di fosfati, della quale il paratormone è il principale regolatore. L'ampia diffusione del fosforo nei vari alimenti unitamente alla capacità renale di trattenere i fosfati rende eccezionale l'evenienza di ipofosfatemia da insufficiente apporto alimentare. È da sottolineare comunque l'insufficiente contenuto di fosforo del latte umano per il neonato prematuro. Una dieta equilibrata copre generalmente le necessità di fosforo delle varie fasce di popolazione, e la principale raccomandazione è perciò quella di evitare livelli di assunzione di fosforo troppo elevati rispetto a quelli di calcio, soprattutto nella fase di accrescimento osseo, poiché l'assorbimento e l'escrezione del fosforo sono strettamente legati a quelli del calcio. Il rapporto molare calcio/fosforo deve essere mantenuto nei limiti di 0,9-1,7 nell'alimentazione dei bambini. Sono raccomandati dei livelli di assunzione di fosforo che corrispondono, in g, ai livelli raccomandati per il calcio (e che corrispondono quindi ad un rapporto molare calcio/fosforo di 1,3), con l'eccezione dei lattanti per i quali il rapporto calcio/fosforo è leggermente più elevato, come raccomandato nelle RDA americane.

1.8.3 Magnesio

Il contenuto corporeo di magnesio nell'organismo adulto è di 20-28 g circa: il 60% è presente nelle ossa, il 39% nei compartimenti intracellulari e circa l'1% nei liquidi extracellulari. Il magnesio svolge un ruolo essenziale in un gran numero di importanti reazioni cellulari. La sua concentrazione nei liquidi extracellulari è di importanza critica, insieme a quella del calcio e di altri cationi, per il mantenimento del potenziale di membrana dei nervi e dei muscoli e per la trasmissione dell'impulso nervoso ed è inoltre essenziale per i processi di mineralizzazione e di sviluppo dell'apparato scheletrico. L'omeostasi del magnesio è sostanzialmente garantita dalla funzione renale e dalla modulazione dell'assorbimento a livello intestinale. Data la diffusa presenza di magnesio negli alimenti e l'elevata efficienza della ritenzione di magnesio da parte del rene, non si conoscono casi di carenza alimentare spontanea di magnesio. È stato osservato che, nel soggetto sano, apporti da 3 a 4,5 mg/kg (210-320 mg/die) sono sufficienti per il mantenimento del bilancio. Tuttavia mancano ancora dati per stabilire con sicurezza un livello di assunzione raccomandato, per cui è preferibile proporre un intervallo di sicurezza: da 150 a 500 mg/die.

1.8.4 Ferro

Il ferro svolge un ruolo fondamentale entrando nella costituzione dell'emoglobina, della mioglobina e di diversi enzimi. Il contenuto di ferro nell'organismo è di circa 3-4 g. Circa il 65% del ferro totale dell'organismo è presente nella molecola dell'emoglobina, mentre il 10% è contenuto nella mioglobina. La quota rimanente è rappresentata principalmente dal ferro di deposito (ferritina ed emosiderina), mentre minime quantità sono contenute negli enzimi e nei citocromi o sono associate alla transferrina (proteina di trasporto). L'organismo mantiene l'equilibrio del ferro attraverso la costituzione di un pool di riserva, la modulazione dell'assorbimento in funzione dei bisogni, e il recupero dal catabolismo degli eritrociti.

Nei primi sei mesi di vita, il neonato a termine utilizza le abbondanti quantità di ferro accumulate *in utero*. Inoltre, il ferro, pur essendo presente in quantità scarsa nel latte materno, è caratterizzato da un'elevata biodisponibilità ed è assorbito per il 50%. Il neonato pretermine, per mantenere un bilancio marziale ottimale nel primo anno di vita, necessita invece di una quantità di ferro più che doppia di quella del neonato a termine. Il periodo di vita più critico per il mantenimento di un equilibrio dinamico tra fabbisogno e apporto di ferro è quello della prima infanzia, dopo i 6 mesi, quando la velocità di crescita è massima e altrettanto veloce è l'utilizzazione del metallo nell'organismo. Poiché in questo periodo della vita il cervello continua a crescere considerevolmente e si sviluppano i fondamentali processi mentali e motori, una condizione di anemia sideropenica cronica può interferire significativamente sullo sviluppo psicomotorio del bambino [21].

Per garantire un bilancio marziale ottimale nella prima infanzia si raccomanda che:

- l'allattamento materno venga privilegiato e protratto per almeno i primi 6 mesi di vita (poiché il ferro del latte umano è altamente disponibile)
- al momento di introdurre nella dieta cibi solidi, si utilizzino cibi contenenti ferroeme (carne, pesce) e si evitino viceversa quegli alimenti capaci di inibire drasticamente l'assorbimento del ferro alimentare (quali ad esempio il tè).

Dopo lo svezzamento e fino ai tre anni, in relazione alla possibilità di avere una biodisponibilità più bassa per la presenza di inibitori (latte e fitati) e alla scarsa presenza di esaltatori (carne e acido ascorbico), l'apporto di ferro deve essere piuttosto elevato, relativamente al peso corporeo. Lo stesso discorso vale per i bambini nelle età successive, in relazione al loro elevato fabbisogno per i periodi di rapida crescita. Pertanto risultano adeguati i livelli di 7 e 9 mg/die rispettivamente per i bambini dai 6 mesi ai 3 anni e dai 4 ai 10 anni.

Durante l'adolescenza il fabbisogno di ferro è particolarmente elevato in relazione all'accelerazione di crescita staturo-ponderale tipica di questa età. Si stima che nell'età dell'adolescenza l'incremento del patrimonio marziale dell'organismo sia di 300-350 mg per anno. Inoltre, nelle ragazze, l'inizio delle perdite ematiche con le mestruazioni concorre a rendere precario l'equilibrio marziale. Si raccomanda l'assunzione di 12 mg/die di ferro negli adolescenti maschi e nelle ragazze non ancora mestruate, e di 18 mg/die nelle adolescenti mestruate.

1.8.5 Zinco

Lo zinco dell'organismo umano, pari a circa 2 g, è distribuito in tutti in tessuti, ma si concentra in particolare nella muscolatura striata (60%), nelle ossa (30%) e nella pelle (4-6%). Solo lo zinco epatico può essere in parte mobilizzato in caso di deficit limitato nel tempo, ma non esistono riserve specifiche di zinco, per cui è necessario un apporto regolare con l'alimentazione.

Lo zinco è un componente essenziale di numerosi enzimi, svolge un ruolo importante nel metabolismo degli ormoni tiroidei, possiede un'attività antiossidante e infine è necessario per la sintesi ossea e muscolare. Le maggiori fonti alimentari di zinco sono rappresentate da carni, uova, pesce, latte e derivati, cereali. L'assorbimento medio dello zinco alimentare è stimato tra il 10 e il 40%. Nel latte materno, sebbene sia presente in quantità limitate (0.05-0.1 mg/dl) lo zinco è molto biodisponibile. Non essendo disponibili altre informazioni, il fabbisogno di zinco nel bambino è stato stimato con il metodo fattoriale. Nei bambini tra 6 e 11 mesi le perdite fecali, urinarie e con il sudore sono stimate intorno a 0,1 mg/kg/die, mentre la quota di zinco accumulata nei tessuti magri in accrescimento è stimata in 30 mg/kg. Per il calcolo del fabbisogno, si stima nel 30% l'assorbimento intestinale medio dello zinco e si aggiunge un 30% per la variabilità interindividuale del fabbisogno. Lo stesso tipo di calcolo è stato effettuato per il bambino da un anno in poi, interpolando le perdite stimate nel lattante e nell'adulto e aggiungendo la quota necessaria per l'accrescimento. Il fabbisogno di zinco tra i 6 e i 12 mesi è di circa 5 mg al giorno.

1.8.6
Rame

Grazie ai suoi due stati ossidativi, il rame partecipa all'attività di metalloenzimi che trasferiscono elettroni (ossidasi): citocromo-ossidasi, tiolossidasi, DOPA ossidasi e superossido dismutasi (SOD). Il rame risulta di conseguenza un elemento essenziale per il metabolismo energetico a livello cellulare, per la produzione di tessuto connettivo e per la sintesi di peptidi neuroattivi (catecolamine e encefaline). Partecipa alla catena respiratoria, interviene nella sintesi dell'emoglobina (con il ferro) e nell'attività di cheratinizzazione e pigmentazione dei capelli e della cute. Ha, inoltre, influenza sulla funzionalità cardiaca. Il contenuto totale nell'organismo varia da 50 a 120 mg di cui 40% nei muscoli, 15% nel fegato, 10% nel cervello, 10% nel sangue e il restante nel cuore e nei reni. Per i bambini le raccomandazioni sono calcolate con metodo fattoriale sulla base del contenuto tessutale (1,38 æ g/g), delle perdite endogene e dell'assorbimento, stimato nel 50% della quota ingerita. Il latte umano è particolarmente ricco di rame (0,22 mg/l). Si raccomandano livelli di ingestione che vanno da 0,4 a 0,6 per i neonati fino a 6 mesi e da 0,6 a 0,7 mg per quelli sino a 1 anno. I bambini da 1 a 3 anni dovrebbero assumere da 0,7 a 1 mg, dai 4 ai 6 anni la dose va da 1 a 1,5 mg e dai 7 ai 10 anni da 1 a 2 mg. I ragazzi e gli adulti dovrebbero assumere da 1,5 a 3 mg. I neonati prematuri di peso inferiore a 1500 grammi necessitano di maggiori apporti di rame, poiché non si è verificato l'accumulo di rame che copre normalmente il fabbisogno del bambino fino all'epoca dello svezzamento. In attesa di ulteriori verifiche, le raccomandazioni europee fissano la soglia di tossicità a 10 mg/die.

1.8.7
Fluoro

Il contenuto totale di fluoro nell'organismo è di circa 2,6 g, principalmente nelle ossa e nei denti; la sua concentrazione nel plasma varia tra 0,15 e 0,20 mg/l. Il fluoro è presente in piccole quantità, molto variabili, nei terreni, nelle acque e negli alimenti di origine sia vegetale che animale. Poiché la carie dei denti da latte influisce sulla dentatura definitiva, si è cercato di razionalizzare le dosi minime di somministrazione di fluoro che siano protettive per la carie e contemporaneamente mettano al riparo dalla fluorosi, che risultano comunque molto lontane dalla dose oggi ritenuta a rischio di sovradosaggio cronico pari a 5 mg/l di acqua. I dati epidemiologici disponibili sulla fluorosi e sulla sua incidenza in Italia sono molto esigui, proprio per l'irrilevanza del fenomeno. Se si utilizza un'acqua minerale a basso contenuto di fluoro e si assume la giusta dose come profilassi, un bambino italiano non rischia di assumere fluoro per altre vie. L'assunzione raccomandata per la fluoroprofilassi in Italia è riportata in Tabella 1.7.

Tabella 1.7 Assunzione raccomandata per la fluoroprofilassi sistemica in relazione all'età del bambino [22]

Età	Posologia
Da 2 sett a 2 anni	1 cpr da 0,25 mg o l'equivalente in gocce
Da 2 a 4 anni	1 cpr da 0,50 mg con l'indicazione di usare dentifrici non contenenti fluoro o a basso contenuto
Da 4 a 6 anni e fino a 12	1 cpr da 1 mg

1.8.8
Iodio

Lo iodio fa parte delle molecole degli ormoni tiroidei (tetraiodiotironina T4 e triiodotironina T3), e quindi la sua funzione principale è quella di assicurare all'organismo una normale funzione tiroidea per il corretto processo di crescita e la morfogenesi di diversi organi e apparati.

Mentre i lattanti allattati al seno o alimentati con formula ricevono quantità adeguate di iodio, i livelli di assunzione raccomandati per i bambini, in assenza di dati specifici, sono desunti da quelli degli adulti valutati sulla base dei fabbisogni energetici.

1.9 Vitamine

1.9.1 Vitamina D

La vitamina D in forma attiva [1,25(OH)2D] ha alcune importanti funzioni, quali la stimolazione dell'assorbimento del calcio e del fosforo a livello intestinale, la regolazione, insieme al paratormone, dei livelli plasmatici di calcio e il mantenimento di un'adeguata mineralizzazione dello scheletro.

Tutti i lattanti, sia allattati al seno che alimentati con formula artificiale, dovrebbero ricevere una supplementazione di vitamina D. Il modo più adatto consiste nella somministrazione giornaliera per i primi 18-24 mesi di vita di 800-1200 UI (20,0-30,0 mg) di vitamina D, iniziando nel secondo mese di vita o sin dalla nascita nei casi di situazioni carenziali della madre: profilassi da continuare dopo i 2 anni qualora le condizioni di vita comportino scarso irraggiamento solare, soprattutto nei bambini con cute pigmentata. Tale profilassi in caso di scarsa compliance si può effettuare con dosi urto da 50.000UI/mese-200.000 UI/6 mesi (ovvero 1250 mg/mese e 5000 mg/6 mesi) fino all'età di 18 mesi. Per il nato pretermine si consigliano dosi di 1500-2000 UI/die (37.5-50.0 mg)a seconda del grado di prematurità, facendo in modo però che il neonato assuma le formule per prematuri con 400mg/100ml di fosforo oppure che sia allattato al seno con supplementazione di fosfato nel poppatoio contenente il latte materno. Tale supplementazione va proseguita sino al raggiungimento di 2000 gr di peso corporeo. Nei bambini in età scolare e negli adolescenti una supplementazione è fortemente consigliabile per tutti fino al termine dello scatto di crescita puberale, qualora non siano garantiti un adeguato apporto dietetico e una sufficiente esposizione alla luce del sole. È infatti importante coprire il fabbisogno giornaliero stimato in 400-1000 UI/die, ovvero 10-25 mg [2]: tenuto conto che sulla base di recenti segnalazioni scientifiche, non c'è evidenza di effetti collaterali con concentrazioni sieriche di 25 idrossi vitamina D (25(OH)D inferiori a 140 nmol/l, che possono essere ottenute addirittura con una supplementazione di vitamina D di 250 g/die (pari a 10.000 UI/die).

Da segnalare peraltro che per il corretto sviluppo osseo, oltre ad un'adeguata assunzione di vitamina D, occorre anche un apporto corretto di calcio e fosforo.

1.9.2 Acido folico

È fondamentale in molte reazioni metaboliche, quali la biosintesi del DNA e RNA, la metilazione dell'omocisteina a metionina e il metabolismo di alcuni aminoacidi. I livelli raccomandati sono pari a 50-200 µg/die secondo l'età. Va sottolineata l'importanza della supplementazione di folati in gravidanza per la prevenzione della spina bifida e dell'anencefalia nel neonato, in quanto la raccomandazione viene raddoppiata

(400 µg /die). Infatti, l'evidenza scientifica relativa alla utilità in termini di salute pubblica è relativa alla prevenzione dei difetti del tubo neurale nella popolazione neonatale. L'acido folico contenuto negli integratori ha una biodisponibilità circa doppia rispetto a quella del folato presente negli alimenti. L'unico rischio noto dell'integrazione di acido folico è quello di mascherare una possibile deficienza di vitamina B12, con conseguente trattamento dell'anemia macrocitica da carenza di folati, mentre si ha una progressione del danno neurologico. Un secondo rilevante ruolo dell'acido folico risiede nella prevenzione dell'iperomocisteinemia, che può indurre a condizioni favorenti lo sviluppo di patologie cardiovascolari [23].

1.9.3 Vitamina A

La vitamina A è indispensabile per il meccanismo della visione e per la differenziazione cellulare; essa è inoltre necessaria per la crescita, la riproduzione e l'integrità del sistema immunitario. Nei bambini nel primo anno di vita, le raccomandazioni sono basate sul contenuto di vitamina A nel latte materno, che porta a un'assunzione di 350 RE (equivalenti di retinolo)/die e pertanto questa è la quantità ottimale suggerita. Nei lattanti che ingeriscono 100.000 mg o più di vitamina A al giorno si può verificare un'ipervitaminosi acuta (nausea,vomito,torpore e tensione della fontanella).

1.9.4 Vitamina E

La vitamina E ha proprietà antiossidanti e il suo fabbisogno è strettamente legato all'apporto di altri nutrienti, e in particolare di acidi grassi polinsaturi (PUFA), e va quindi definito in rapporto ad essi. Considerando che i consumi medi di PUFA nella popolazione italiana sono intorno ai 20 g, si raccomanda un valore di 8 mg/die, comunque non inferiori a 3-4 mg/die.

1.9.5 Vitamina K

Nell'uomo, la vitamina K è il cofattore di una carbossilasi che catalizza la carbossilazione di specifici residui di acido glutammico presenti in alcune proteine. Tra le proteine che subiscono questa reazione, le principali sono coinvolte nel processo di coagulazione del sangue (protrombina, fattore VII, fattore IX, fattore X e altre quattro proteine recentemente identificate nel plasma), mentre l'osteocalcina è presente nella matrice ossea. La deficienza di vitamina K determina una sindrome emorragica, a causa dell'inadeguata sintesi dei fattori della coagulazione del sangue. Un apporto di

1 μ per kg di peso corporeo al giorno appare adeguato, e sarebbe fornito da una normale dieta mista. Nel neonato, alla nascita è utile una somministrazione aggiuntiva non alimentare per evitare eventuali deficit.

1.9.6
Tiamina (vitamina B1)

La tiamina occupa un ruolo centrale nel metabolismo energetico cellulare. La tiamina è largamente diffusa in forma libera e fosforilata negli alimenti di origine animale e vegetale. Poiché la tiamina è principalmente coinvolta nel metabolismo energetico, i livelli di assunzione raccomandati di questo nutriente vengono definiti in funzione dell'introito energetico. I livelli raccomandati sono pari a 0,4 mg/1000 kcal, con un minimo di 0,8 mg nell'adulto nel caso di diete al di sotto delle 2000 kcal.

1.9.7
Riboflavina (vitamina B2)

La vitamina B2 costituisce il gruppo prostetico di enzimi che intervengono in diverse reazioni di ossido-riduzione. La riboflavina è tra le vitamine quella maggiormente distribuita in natura. È presente sia nel mondo vegetale che in quello animale. I livelli di assunzione raccomandati variano naturalmente in funzione dell'età, del sesso e della condizione fisiologica dell'individuo. Un quantitativo di 0,6 mg/1000 kcal risulta, in base a diversi studi, in grado di assicurare un buono stato di nutrizione.

1.9.8
Biotina

La biotina è una vitamina del gruppo B contenente zolfo. Il suo ruolo biochimico è ben conosciuto: è infatti il coenzima di diverse carbossilasi. La biotina è molto diffusa nel regno animale (carne di bue, vitello, maiale, agnello e pollo) e vegetale (cavolfiore, funghi, carote, pomodori, spinaci, fagioli e piselli secchi, frutta, quali la mela). Inoltre, è contenuta sia nel latte umano che in quello di mucca, nei formaggi, nelle uova intere e nei pesci di mare. In generale, è assai rara l'insorgenza di una carenza primaria di biotina, che si manifesta principalmente con alterazioni a carico della cute (desquamazioni). Sono state descritte carenze primarie di biotina soltanto in pazienti nutriti esclusivamente per via parenterale. Non esistono informazioni sufficienti per stabilire un livello di assunzione raccomandato né un livello al di sotto del quale aumenti il rischio di carenza. Si suggerisce un intervallo adeguato di sicurezza compreso tra 15 e 100 μg/die.

1.9.9 Acido pantotenico

L'acido pantotenico è una vitamina idrosolubile del gruppo B largamente distribuita negli alimenti. Poiché alcuni microrganismi sono in grado di sintetizzarlo, è possibile che la sintesi intestinale possa contribuire all'apporto. L'acido pantotenico è il precursore del coenzima A, punto cardine del metabolismo dei carboidrati, degli aminoacidi, degli acidi grassi e dei composti steroidei. Il suo livello raccomandato varia da 3 a 12 mg/die.

1.9.10 Acido ascorbico

La vitamina C o acido ascorbico è una vitamina idrosolubile che agisce come cofattore nelle reazioni di idrossilazione, importanti per la sintesi di collagene. Riveste anche un ruolo importante in quanto ha un potente effetto antiossidante e promuove l'assorbimento di ferro. Si raccomandano valori di vitamina C pari a 20-30 mg/die nel lattante, aumentandoli nelle età successive fino al raggiungimento di valori di 60 mg/die (raccomandati nell'adulto).

1.9.11 Vitamina B6

La vitamina B6 è importante per il metabolismo proteico, per la trasformazione di triptofano in niacina e, tra le altre funzioni, per la formazione di neurotrasmettitori. Il deficit di tale vitamina è raro. Il fabbisogno dipende dal contenuto proteico della dieta e, considerando una dieta con il 15% di introito proteico, si considera raccomandabile un apporto di 0,4 mg/100 g di proteine nel lattante e 1,5 nell'adolescente. Dosi maggiori a 500 mg/die sono state associate a neurotossicità.

1.9.12 Vitamina B12

La vitamina B12 riveste un ruolo nel metabolismo dell'acido propionico e nella sintesi della metionina. Essa viene molto ben immagazzinata nell'organismo con una emivita di 1-4 anni. È presente , in piccole quantità, in tutti gli alimenti di origine animale, ma non nei vegetali. Si raccomandano valori da 0,5 µg/die nel lattante a 2 µg/die nell'adolescente.

1.9.13 Vitamina PP

Con il termine vitamina PP (o niacina) vengono indicati sia l'acido nicotinico che la sua amide, la nicotinamide. Sotto forma di coenzimi partecipano a numerose reazioni di ossidoriduzione, sia a livello dei processi catabolici sia di quelli anabolici, quali sintesi di acidi grassi e aminoacidi. La niacina può essere sintetizzata a partire dal triptofano, un aminoacido essenziale. I livelli raccomandati variano da 5 mg/die nei lattanti a 18 mg/die negli adolescenti.

Bibliografia

1. World Health Organization (1985) Energy and protein requirements: report of a joint FAO/WHO/UNU expert consultation. Technical Report Series 724. WHO, Geneva
2. Società Italiana di Nutrizione Umana (1996) LARN - Livelli di assunzione raccomandati di energia e nutrienti per la popolazione italiana. Istituto Nazionale della Nutrizione, Roma
3. National Research Council (1989) Recommended dietary allowances, 10th ed. National Academy Press, Washington DC
4. Institute of Medicine. Food and Nutrition Board (2005) Dietary reference intakes. National Academy Press, Washington DC
5. Weels JCK, Cole TJ, Davies PSW (1996) Total energy expenditure and body composition in early infancy. Arch Dis Child 75:423-426
6. Fomon SJ (1993) Nutrition of normal infants. St Louis: Mosby-Year Book
7. ASPEN Board of Directors and the Clinical Guidelines Task Force (2002) Guidelines for the use of parenteral and enteral nutrition in adult and pediatric patients. JPEN 26 (Suppl 1):52SA
8. National Advisory Group on Standards and Practice Guidelines for Parenteral Nutrition (1998) Safe practices for parenteral nutrition formulations. JPEN 22:49-66
9. ISTAT (1998) Indagine multiscopo sulle famiglie. Aspetti della vita quotidiana. Cultura socialità e tempo libero. Roma, 2000
10. Millward DJ, Fereday A, Gibson N et al (1997) Aging, protein requirements, and protein turnover. Am J Clin Nutr 66:774-786
11. Dupont C (2003) Protein requirements during the first year of life. Am J Clin Nutr 77:1544S-1549S
12. Koletzko B, Broekaert I, Demmelmair H et al for the EU Childhood Obesity Project (2005) Protein intake in the first year of life: a risk factor for later obesity? The E.U. childhood obesity project. Adv Exp Med Biol 569:69-79
13. Young VR, Borgonha S (2000) Nitrogen and amino acid requirements: the Massachusetts Institute of Technology amino acid requirement pattern. J Nutr 130:1841S-1849S
14. American Health Foundation (1994) Proceedings of the Children's fiber conference. May 24th 1994, NY
15. American Academy of Pediatrics (1993) Carbohydrates and dietary fibre. In: American Academy of Pediatrics (ed) Pediatric Nutrition Handbook. 3ª ed. AAD, Cominitee and Nutrition. ELK Grove Village
16. Butte NF (2000) Fat intake of children in relation to energy requirements. Am J Clin Nutr 72:1246S-1252S
17. Agostoni C, Riva E, Scaglioni S, Marangoni F, Radaelli G, Giovannini M (2000)Dietary fats and cholesterol in italian infants and children. Am J Clin Nutr 72:1384S-1391S

18. WHO (1990) Diet, nutrition and the prevention of chronic diseases. Technical report, series 797. Geneva WHO
19. Thorsdottir I, Gunnarsson BS (2006)Dietary quality and adequacy of micronutrient intakes in children. Proc Nutr Soc 65:366-375
20. Commission of the European Communities (1993) Nutrient and energy intakes for the European Community. Reports of the Scientific committee for food (31 series). Office for official publications of the European Communities, Luxembourg
21. Agostoni C, Decsi T, Fewtrell M et al ESPGHAN Committee on Nutrition (2008) Complementary feeding: a commentary by the ESPGHAN Committee on Nutrition. J Pediatr Gastroenterol Nutr 46:99-110
22. Ministero del Lavoro, della Salute e delle Politiche Sociali (2008) Linee guida nazionali per la promozione della salute orale e la prevenzione delle patologie orali in età evolutiva
23. Kerr MA, Livingstone B, Bates CJ et al (2009) Folate, related B vitamins, and homocysteine in childhood and adolescence: potential implications for disease risk in later life. Pediatrics 123:627-635

Accessi vascolari

2

F. Savino, V. Tarasco, R. Miniero

2.1
Accesso venoso centrale

Con il termine accesso venoso centrale si intende l'impianto di un catetere nella vena cava superiore o inferiore o in prossimità dell'atrio destro tramite rami affluenti diretti (vena succlavia, giugulare, femorale) o indiretti (vena cefalica, basilica, safena). Si tratta di vasi di grande calibro ed elevato flusso ematico capaci di neutralizzare l'iperosmolarità delle soluzioni nutritive e tollerare la permanenza del catetere per lungo tempo (mesi o anni).

Il posizionamento di un catetere venoso centrale (CVC) risulta indispensabile per attuare una nutrizione parenterale (NP) attesa la necessità di somministrare soluzioni glucidiche e lipidiche iperosmolari (osmolarità superiore a 800 mOsm/litro) che, se introdotte in vena periferica, causerebbero un danno alla parete vasale con conseguente flebite e sclerotizzazione dei vasi. Il CVC utilizzato per la nutrizione può essere sfruttato anche per la somministrazione di farmaci ed emoderivati e per prelevare campioni di sangue; alcuni tipi di CVC trovano specifica indicazione per procedure di aferesi e di dialisi [1].

2.1.1
Tipo di catetere

I CVC utilizzati in pediatria sono di tipologie differenti per materiale, struttura, lunghezza e calibro, in modo da potersi meglio adattare a pazienti diversi (dai neonati fino agli adolescenti) e con patologie complesse ed eterogenee che sottendono differenti indicazioni ed usi del CVC.

I CVC che meglio rispondono alle necessità dei pazienti pediatrici sono di gomma siliconata (silicone/silastic) o poliuretano, materiali ottimi per biocompatibilità, elasticità, flessibilità e resistenza all'usura. Il polietilene, il polivinile cloruro (PVC) e il

Teflon sono stati abbandonati in pediatria per la loro rigidità che mal si adatta all'anatomia del bambino [2].

I diversi tipi di CVC si distinguono in tre principali gruppi: CVC a inserzione periferica *(peripherally inserted central catheters, PICC)*, CVC parzialmente impiantabili, valvolati e non, (tipo Hickman-Broviac, Groshong® e Clampless/PASV®), CVC totalmente impiantabili, valvolati e non (tipo "PORT").

I PICC sono CVC con estremità distale posizionata in prossimità della giunzione tra vena cava superiore e atrio destro; consentono quindi tutti gli utilizzi tipici dei CVC e in particolare l'infusione di soluzioni ipertoniche. Si tratta di presidi usati soprattutto in neonatologia e nelle terapie intensive pediatriche, destinati a un utilizzo sia continuo che discontinuo, intra ed extraospedaliero, per un periodo di tempo generalmente compreso tra 1 settimana e 3 mesi. I PICC sono costruiti con materiali ad alta biocompatibilità, di calibro solitamente compreso tra 3 e 6 French (Fr) (1 French = 0,33mm) e vengono inseriti – nel paziente adulto e nel paziente pediatrico più grande – attraverso l'incannulamento di una vena periferica dell'arto superiore, di una giugulare, di una succlavia e, nel neonato, anche di una vena ascellare.

I CVC parzialmente impiantabili (tunnellizzati) sono confezionati creando un tunnel sottocutaneo dal punto di uscita dalla vena fino all'emergenza cutanea esterna del catetere dove si raccordano con la linea di infusione. In base alle caratteristiche tecniche si distinguono diversi tipi: a) il catetere tipo Broviac è un catetere a permanenza, di varie dimensioni, monolume, non dotato di valvola, utilizzabile in qualunque età (Fig. 2.1); b) il catetere tipo Hickman ha le stesse caratteristiche del precedente, ma si differenzia per le maggiori dimensioni, può avere anche due o tre lumi e non è dotato di valvola (Fig. 2.1); c) i cateteri Groshong® e Clampless/PASV® sono dotati di val-

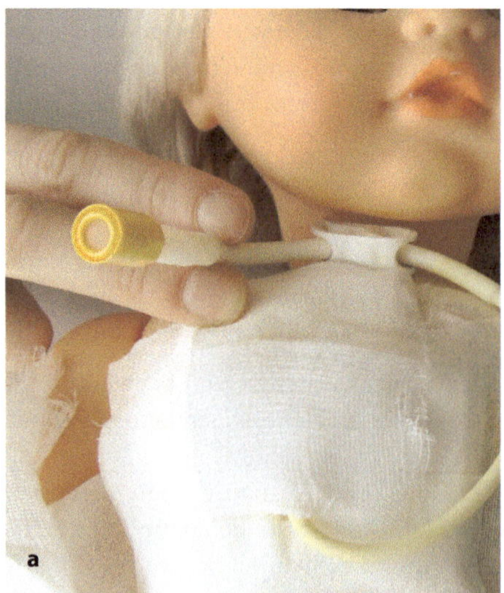

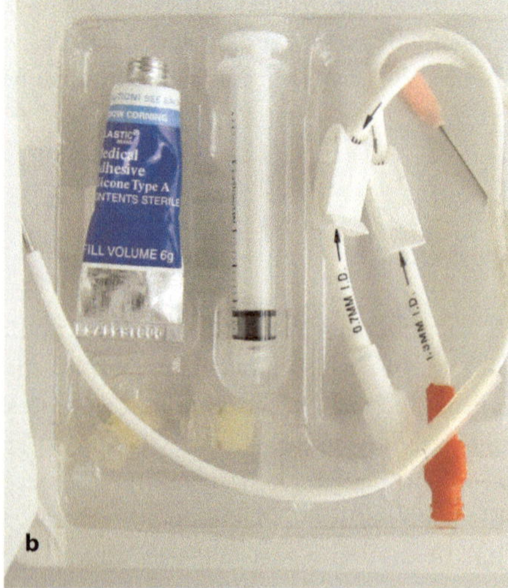

Fig. 2.1 CVC Hickman®-Broviac® mono, bi e trilume

vola (Fig. 2.2). Quest'ultima può essere collocata vicino all'estremità prossimale (Groshong®) o in prossimità del raccordo con la linea di infusione (Clampless/PASV®). Quando il CVC non è in uso, la valvola rimane chiusa agendo da barriera al reflusso ematico e ciò consente di evitare l'utilizzo dell'eparina (obbligatoria negli altri tipi di CVC) all'interno del catetere contro la formazione di trombi e l'embolia gassosa. Applicando una significativa pressione negativa (aspirazione) la valvola si introflette permettendo il prelievo ematico. Applicando una pressione positiva (gravità, pompa, siringa) all'interno del catetere, la valvola si estroflette, permettendo l'infusione di liquidi. In condizioni di valori pressori normali, la valvola rimane chiusa.

Le dimensioni interne del lume del CVC variano da 2 Fr per quelli da utilizzare nel neonato a oltre 12 Fr in quelli da impiantare negli adulti.

I CVC Groshong® sono prodotti dalla Bard Access System, Inc (Salt Lake City, Utah, USA), i cateteri Clampless/PASV® dalla Catheter Innovation, Inc (Salt Lake City, Utah, USA). I PICC e i CVC tipo Hickman e Broviac sono prodotti da varie ditte.

I CVC totalmente impiantabili (totalmente sottocutanei) sono composti dal catetere propriamente detto e da un "serbatoio" (reservoir) inserito in un'apposita "tasca" sottocutanea (Fig. 2.3). Il serbatoio ha una membrana che può essere perforata da aghi appositamente conformati. La struttura del serbatoio può essere costituita da materiali vari (titanio, Teflon), con differente conformazione, o profilo (low profile; standard profile, high profile) secondo l'altezza del PORT. Lunghezza del CVC, diametro, spessore e volume interno, nonché numero di lumi (1-2), variano secondo i tipi, il materiale utilizzato e le case costruttrici.

Per iniettare la soluzione si utilizza un ago Huber che, dopo aver punto la cute e la membrana della capsula, deve essere spinto fino al fondo di quest'ultima. I vantaggi di tale dispositivo sono rappresentati dalla migliore qualità di vita per il paziente che, quando non è perfuso, è libero da ogni apparecchiatura esterna, e dalla riduzione delle complicanze infettive. Gli svantaggi sono lo scarso volume del serbatoio, la necessità di un atto chirurgico per l'impianto, il dolore associato all'inserzione per via transcutanea dell'ago collegato al deflussore e l'alto costo del materiale.

Il catetere tipo Port è adatto per consentire accessi ripetuti, ma non eccessivamente frequenti, al sistema vascolare per infondere soluzioni ed eseguire prelievi ematici. Tale tipo di accesso venoso è consigliato in pazienti che non necessitino di infusioni continue per periodi molto lunghi [3].

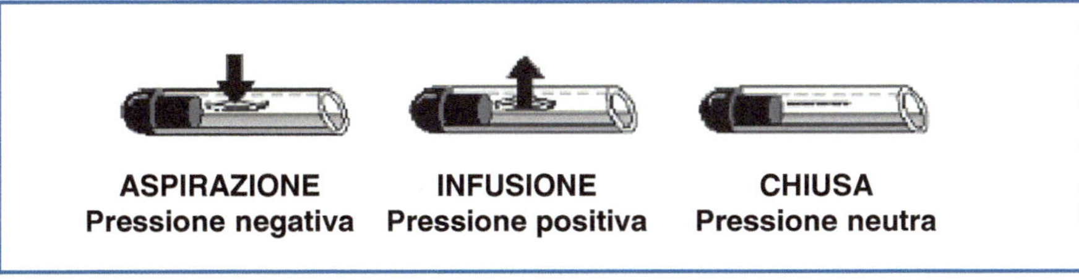

Fig. 2.2 CVC tipo Groshong® della Bard Access System, Inc. (Salt Lake City, Utah, USA)

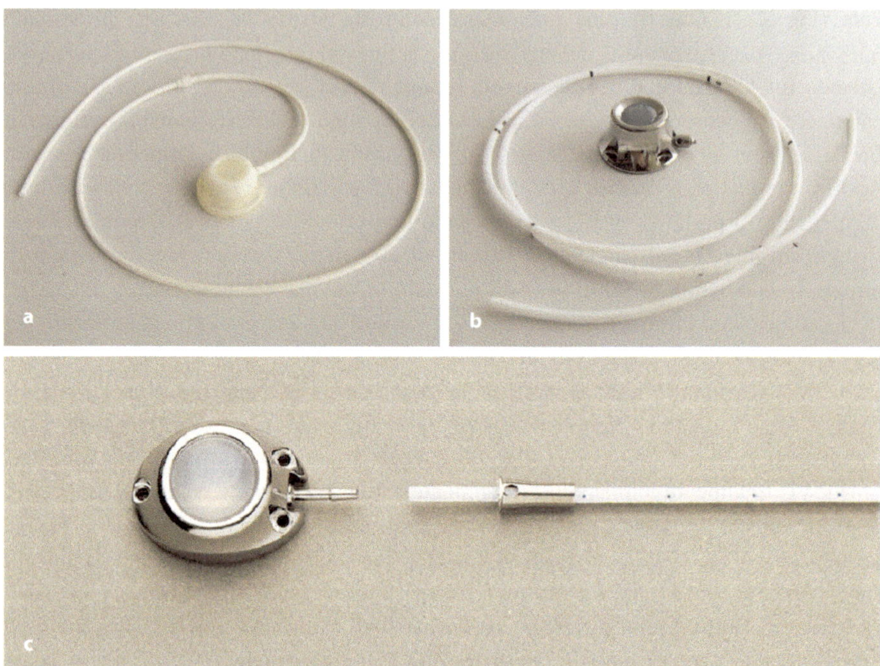

Fig. 2.3 CVC tipo Port commercializzati dalla Baxter International Inc. (Deerfield, Illinois, USA)

2.1.2 Vie di accesso

Nella scelta della sede di inserzione del catetere occorre tenere in considerazione la regola aurea del maggior risparmio venoso possibile, soprattutto in prospettiva di programmi di lunghissima durata che necessitano di accessi venosi ripetuti (riposizionamenti); inoltre, è necessario valutare il rischio di tromboflebiti, complicanze meccaniche e infezioni del catetere stesso, specifiche per ogni sito di inserzione.

Per il posizionamento del CVC possono essere impiegate varie vie di accesso: vena succlavia, vena giugulare interna, vena giugulare esterna, vena cefalica, vena basilica, vena ascellare, vena safena, vena femorale. In genere, è preferibile scegliere sempre in prima battuta i vasi del distretto superiore, riservare i vasi del distretto inferiore solo a casi particolari (es. impegno mediastinico, esaurimento degli accessi del distretto superiore), valutare le caratteristiche anatomiche del paziente (deformità, masse, anomalie di decorso dei vasi), ridurre al minimo le possibilità di contaminazione (da evitare, ad esempio, l'accesso inguinale prima dell'acquisizione del controllo sfinterico, a meno che non si tunnellizzi la protesi fino alla parte alta dell'addome o al torace), consentire il minimo impedimento possibile alle normali attività fisiche (deambulazione, attività manuali, igiene corporea, fino alla pratica sportiva: la massima libertà è ottenibile con le protesi totalmente impiantabili, o port-a-cath) e, se possibile, riutilizzare lo stesso accesso nel caso di dislocazione.

La vena succlavia rappresenta il sito d'accesso preferibile in età pediatrica, in quanto consente la migliore "nursing" del catetere, una tunnellizzazione più semplice e un minore rischio infettivo [4]. Si tratta comunque di una via d'accesso pericolosa poiché si può associare a rischio di pneumotorace o emotorace, pertanto deve essere eseguita esclusivamente da operatori esperti.

La vena giugulare interna è spesso utilizzata, dal momento che espone a minori rischi di complicanze immediate, tuttavia comporta un rischio infettivo superiore.

L'accesso femorale, sebbene non si associ a una maggiore incidenza di complicanze, non viene molto utilizzato nei bambini poiché comporta più disagi e le conseguenze di una trombosi della vena cava inferiore possono essere particolarmente severe.

Dopo l'inserzione del catetere e, successivamente, a intervalli programmati, deve essere eseguita una radiografia del torace per il controllo del decorso del catetere e della corretta posizione della punta del CVC, al fine di identificare possibili malposizioni e per escludere la presenza di pneumotorace. L'utilizzo di una guida ecografica può aumentare significativamente la precisione e la sicurezza nell'impianto del CVC, soprattutto in caso di incannulamento della vena giugulare interna, nei neonati e nei bambini [5].

Nei neonati, nei primi giorni di vita, il catetere può essere inserito a livello ombelicale e questa via d'accesso centrale si può utilizzare per la NP [6]. Il rischio di complicanze, soprattutto trombotiche, aumenta se il catetere ombelicale arterioso viene lasciato in sede per più di 5 giorni o per più di 14 giorni in caso di catetere venoso.

2.1.3 Modalità di inserzione

I metodi di inserzione del CVC si distinguono in percutaneo e chirurgico a cielo aperto. In pediatria, tale procedura è sempre svolta in anestesia generale e l'asepsi deve essere la più rigorosa possibile [2].

Il metodo percutaneo prevede una puntura a cielo chiuso della vena prescelta e l'utilizzo di un introduttore lacerabile (peel away). Attraverso l'ago si inserisce una guida per posizionare l'introduttore vascolare, quindi, una volta rimossa la guida metallica, il catetere viene sospinto nel sistema vascolare all'interno dell'introduttore. Quest'ultimo viene poi rimosso tirandolo lentamente dall'emergenza vascolare e lacerandolo intorno al catetere appena posizionato (metodo di Seldinger).

Il metodo chirurgico consiste nell'isolare il vaso e praticare un'incisione attraverso la quale viene introdotto il catetere, poi spinto fino alla vena cava superiore. Quindi si procede alla tunnellizzazione del tratto extravascolare del catetere. La tunnellizzazione sottocutanea di parte del catetere consiste nel farlo uscire dalla cute in un punto lontano dal suo ingresso vascolare, generalmente sulla superficie anteriore del torace. Tale procedura viene sempre eseguita quando si prevede una NP a lungo termine.

La tecnica percutanea, con metodo di Seldinger, offre alcuni vantaggi rispetto alla tecnica chirurgica, quali rapidità di esecuzione, semplicità, praticità, maggiore risparmio vascolare e costi relativamente minori; la tecnica chirurgica, invece, ha il grande vantaggio di controllare i vasi, consentire l'inserimento del CVC nel lume con maggiore sicurezza e non espone al rischio della mancata incannulazione del vaso. L'inserzione percutanea, controllata radiologicamente, è ugualmente efficace rispetto a quella chirurgica e provoca minori danni vascolari. Attualmente, la scelta è legata per lo più all'esperienza dell'operatore (chirurgo, anestesista, radiologo) e alle caratteristiche del paziente.

2.1.4 Complicanze degli accessi venosi centrali

Circa il 15% dei pazienti può manifestare complicanze legate al CVC, sia durante il suo posizionamento che durante la sua permanenza (Tabella 2.1).

Le complicanze legate alla procedura di posizionamento dell'accesso vascolare sono rappresentate da lacerazioni venose e/o arteriose, lesioni pleuriche e dei plessi nervosi, infezioni, malposizionamenti, ematomi in sede di tunnel sottocutaneo o di incannulazione, lesioni del dotto toracico. Durante la permanenza del CVC, le complicazioni (molto più frequenti e più gravi di quelle osservabili durante il posizionamento) sono soprattutto infettive e trombotiche, mentre più rare sono le rotture e i dislocamenti [7].

Le *infezioni* correlate al CVC costituiscono un'evenienza associata a morbidità e mortalità non trascurabili. I microrganismi più spesso responsabili sono stafilococchi, streptococchi e miceti del genere *Candida*. La contaminazione della via venosa può avvenire da germi della flora cutanea che circonda il sito di emergenza del catetere, oppure da germi provenienti dai raccordi e dalle soluzioni di continuo della linea infusionale, manipolati senza la rigorosa asepsi necessaria. Il quadro clinico è caratterizzato da febbre elevata, in assenza di altri segni obiettivi, eventualmente associata a brividi, caratteristicamente accentuata in seguito a manovre effettuate sul catetere (aspirazioni, infusioni, medicazione con eparinizzazione); si può poi osservare infiammazione dell'orifizio cutaneo o del tratto sottocutaneo del catetere.

Tabella 2.1 Complicanze associate al posizionamento degli accessi venosi centrali

Complicanze precoci	Complicanze tardive
Lacerazioni venose e/o arteriose, ematomi	Sepsi
Lesioni del dotto toracico	Trombosi venosa
Danno dei plessi nervosi	Occlusione del catetere
Pneumotorace	Rottura del catetere
Malposizione I o dislocazione del catetere	Embolizzazione del catetere
Infezioni del sito d'inserzione	Malposizione II o dislocazione del catetere

La diagnosi dell'infezione intravascolare di un CVC si basa su dati clinici confermati da dati di laboratorio sui quali tuttora non esiste univocità di interpretazione: positività delle emocolture da CVC e negatività di quelle da sangue periferico eseguite contemporaneamente; conta delle colonie batteriche nell'emocoltura da CVC rispetto a quella da sangue periferico; minor tempo di positivizzazione dell'emocoltura da CVC rispetto a quella da sangue periferico. Spesso la conferma si ha solo attraverso la rimozione completa del CVC e la successiva coltura del sistema, oppure con la sostituzione su guida e la coltura della punta del CVC rimosso. La negativizzazione della sintomatologia febbrile dopo rimozione del CVC è spesso la sola dimostrazione *ex juvantibus* dell'infezione del catetere.

I trattamenti più efficaci sono rappresentati dalla rimozione del catetere, nel caso di CVC a breve termine, e terapia antibiotico sistemico associato a quello locale lourlock nei CVC a lungo termine. In caso di fallimento del trattamento antibiotico, la rimozione del CVC è imperativa. Risulta pertanto fondamentale attuare tutte le possibili strategie per mantenere condizioni di rigorosa asepsi ed evitare lo sviluppo di infezioni (Tabella 2.2) [8].

Tabella 2.2 Strategie di prevenzione delle infezioni dei CVC

- Massime precauzioni di asepsi durante il posizionamento del CVC
- Disinfezione accurata della cute nel punto di inserzione del catetere durante la medicazione. L'applicazione di clorexidina 2% sembra migliore rispetto a quella di iodio povidone 10% o alcol 70%. Non dovrebbero essere utilizzati solventi organici (acetone, etere)
- Adeguata protezione dell'emergenza cutanea del CVC con garze sterili o medicazioni trasparenti semipermeabili, che dovranno essere sostituite ogni 2 giorni nel primo caso e al massimo ogni 7 giorni nel secondo. Tale medicazione dovrà essere cambiata ogni qualvolta apparirà umida, staccata, sporca, o in caso di necessità di ispezionare il sito d'inserzione. Non viene raccomandato l'utilizzo di pomate antibiotiche locali
- Utilizzo, se possibile, di una via venosa centrale esclusivamente dedicata all'infusione di NP
- Utilizzo di cateteri con il minor numero possibile di lumi, essenziali per la gestione del paziente
- In caso di impianto di CVC con più lumi, si raccomanda di utilizzare un lume esclusivamente per la somministrazione di NP. Si consiglia di evitare, infatti, la somministrazione di terapie endovenose, l'esecuzione di prelievi, l'inserzione di nuove infusioni sulla stessa linea, e le misurazioni della pressione venosa centrale

2.2 Accesso venoso periferico

In caso di terapie nutrizionali a breve termine e/o per una supplementazione nutrizionale parziale, nelle condizioni in cui il fabbisogno calorico-azotato non risulta eccessivo, possono essere utilizzati accessi venosi periferici.

Un accesso venoso periferico viene definito come il posizionamento in una vena del circolo superficiale di un ago cannula o di un breve catetere, la cui estremità distale rimane a livello della vena ascellare o della vena succlavia o comunque in posizione non centrale.

Le vene esplorabili sono in primo luogo quelle dell'avambraccio, in particolare quelle più distali, prediligendo il lato non dominante; generalmente, invece, non vengono utilizzate le vene degli arti inferiori per il maggiore rischio di trombosi e sepsi.

Questo dispositivo non consente gli utilizzi tipici dei CVC. Infatti, il principale limite all'uso di tali accessi è rappresentato dall'osmolarità della soluzione da infondere, con conseguente limitazione degli apporti energetici ed elettrolitici. L'osmolarità massima consentita con questo tipo di accesso è di 600 mOsm/l, equivalente a poco più di una soluzione glucosata al 10% (550 mOsm/l). Soluzioni con osmolarità superiore sono ad alto rischio di complicanze, quali la tromboflebite superficiale e la sclerotizzazione del vaso interessato.

Bibliografia

1. Linee guida SINPE per la Nutrizione Artificiale Ospedaliera (2002) Rivista Italiana di Nutrizione Parenterale ed Enterale Anno 20 S5:S21-S22
2. Koletzko B, Goulet O, Hunt J et al (2005) Guidelines on paediatric parenteral nutrition of the European Society of Paediatric Gastroenterology, Hepatology and Nutrition (ESPGHAN) and the European Society for Clinical Nutrition and Metabolism (ESPEN), supported by the European Society of Paediatric Research (ESPR). J Pediatr Gastroenterol Nutr, 41:S54-62
3. American Academy of Pediatrics Committee on Nutrition (2004) Pediatric nutrition handbook, fifth ed. Amer Academy of Pediatrics, USA
4. Citak A, Karabocuoglu M, Ucsel R et al (2002) Central venous catheters in pediatric patients-subclavian venous approach as the first choice. Pediatr Int 44:83-86
5. Hind D, Calvert N, McWilliams R et al (2003) Ultrasonic locating devices for central venous cannulation: meta-analysis. BMJ 327:361
6. Anderson J, Leonard D, Braner DAV et al (2008) Umbilical vascular catheterization. N Engl J Med 359:e18
7. Graham AS, Ozment C, Tegtmeyer K et al (2007) Central venous catheterization. N Engl J Med 356:e21
8. O'Grady NP, Alexander M, Dellinger EP et al (2002) Guidelines for the prevention of intravascular catheter-related infections. Pediatrics 110:1-24

Composizione della soluzione 3

F. Savino, E. Castagno, R. Miniero

Sebbene la nutrizione parenterale (NP) sia una metodica ormai ampiamente diffusa da molti anni, vi possono essere ancora notevoli differenze nella sua preparazione tra Paesi differenti (e talora anche tra Centri differenti nello steso paese). Per tali motivi, nel 2005 la European Society for Paediatric Gastroenterology, Hepatology and Nutrition (ESPGHAN) ha sviluppato e diffuso linee guida aggiornate sulla NP in età pediatrica [1].

Prima di intraprendere una NP è necessario sottoporre il paziente a un'attenta valutazione nutrizionale, al fine di determinare i fabbisogni specifici del soggetto in base ad età, parametri antropometrici, sesso e in funzione del quadro clinico. Rispetto all'adulto, inoltre, il paziente pediatrico presenta un fabbisogno nutrizionale differente non solo dal punto di vista quantitativo – per sopperire alle richieste energetiche derivanti dall'accrescimento – ma anche qualitativo (basti pensare ad alcuni aminoacidi (AA) essenziali nel neonato, ma non nel bambino più grande e nell'adulto) [2-4]. Poste tali premesse, i componenti della NP sono, oltre ai fluidi: glicidi, lipidi, AA, elettroliti, minerali, vitamine e oligoelementi.

3.1 Glicidi

Il carboidrato di scelta è il D-glucosio (destrosio), poiché tale molecola viene prontamente utilizzata e ossidata da tutte le cellule dell'organismo e in particolare è la fonte obbligata di energia per le cellule nervose, gli eritrociti e le cellule della midollare renale. Il D-glucosio è somministrato come monoidrato per l'uso endovenoso e rappresenta la principale fonte calorica non proteica delle soluzioni per NP, alla cui osmolalità contribuisce cospicuamente. Un grammo di glucosio monoidrato fornisce circa 4 kcal. Il fabbisogno di glucosio per il singolo paziente dev'essere valutato tenendo conto, da un lato, delle sue condizioni cliniche e della produzione e ossidazione endogena di carboidrati, dall'altro, delle conseguenze dell'assunzione troppo elevata di glicidi [5]. In particolare, un intake eccessivo e prolungato di glucosio può indurre la comparsa di iperglicemia e stimola la lipogenesi, con conseguente aumento del tessuto adiposo, steatosi epatica e aumentata sintesi di VLDL (*very low density lipoprotein*); non è chiaro se ciò sia implicato anche nello sviluppo di colestasi in corso di NP. Infine, è necessario ricordare che l'iperglicemia è un fattore di rischio per infezioni anche severe nei pazienti ricoverati in reparti di terapia intensiva.

La produzione endogena di glucosio (si stima che la gluconeogenesi contribuisca fino al 31% della quota di glucosio nell'organismo) è massima nel periodo postnatale e decresce progressivamente fino ai valori dell'età adulta, passando da 8 mg/kg/min (=11,5 g/kg/die) nel neonato pretermine a 2 mg/kg/min (=3 g/kg/die) nell'adulto. Partendo da queste premesse e considerato il tasso di ossidazione glucidica (circa 8,3 mg/kg/min nel neonato pretermine), l'infusione di glucosio nel pretermine sottoposto a NP dovrebbe iniziare a 4-8 mg/kg/min e non dovrebbe superare i 13 mg/kg/min (=18 g/kg/die) nel neonato a termine e nel bambino fino a 2 anni d'età, in cui oltre tali livelli si osserva un significativo aumento della lipogenesi. Nei bambini critici, l'intake glucidico dovrebbe essere limitato a 5 mg/kg/min (=7,2 g/kg/die), poiché complicanze metaboliche legate al rapido aumento dell'apporto di glicidi sono più frequenti in tali pazienti. In ogni caso, è necessario modificare l'apporto di glucosio in base al quadro clinico e all'eventuale somministrazione contemporanea di farmaci che ne modificano il metabolismo, quali ad esempio steroidi e tacrolimus. Le più recenti linee guida dell'ESPGHAN raccomandano che l'apporto glucidico nei pazienti sottoposti a NP fornisca il 60-75% dell'intake calorico non proteico; solo nei primi mesi di vita l'apporto glucidico può essere ridotto in conseguenza del maggior apporto lipidico [1].

Il glucosio è utilizzabile in soluzioni dal 5% al 50%, a pH acido (generalmente 3,5-6,5); la concentrazione ottimale deve essere raggiunta progressivamente in qualche giorno (Tabella 3.1). La concentrazione di glucosio massima consentita per l'utilizzo tramite accesso venoso periferico è 10%.

N.B.: se si intende impiegare insulina, si ricordi che deve essere utilizzata di base nel rapporto di 1UI ogni 10 g di glucosio e che la sua somministrazione dovrebbe essere limitata a quelle condizioni cliniche in cui la modificazione dell'apporto di glucosio per via parenterale non è sufficiente a controllare stabilmente una marcata iperglicemia.

3.2 Lipidi

I lipidi utilizzati nella nutrizione parenterale sono oli vegetali insaturi facilmente emulsionabili. I più diffusi preparati attualmente disponibili in commercio sono costituiti da olio di soia o di oliva, emulsionati con i fosfolipidi della soia e dell'uovo. Per ora non vi sono evidenze che alcuna delle emulsioni attualmente disponibili offra vantaggi significativi rispetto alle altre.

Le emulsioni lipidiche sono indispensabili per prevenire il deficit di acidi grassi

Tabella 3.1 Incremento progressivo della concentrazione di glucosio nella NP fino al raggiungimento della dose ottimale, differenziato per età

Giorno	Prematuri /Neonati	Bambini	Adolescenti/Adulti
1	5%	5%	5%
2	5%	7,5%	**10%**
3	7,5%	**10%**	15%
4	7,5%	12,5%	20%
5	**10%**	15%	
6	**10%**	17,5%	
7	12,5%	20%	
8	12,5%		
9	15%		
10	15%		
11	17,5%		
12	17,5%		
13	20%		
14	20%		

essenziali (EFA: arachidonico, linoleico e linolenico) e rappresentano un'importante fonte di energia a bassa osmolarità e volumi contenuti [6]. Le emulsioni derivate da olio d'oliva e di soia contengono, inoltre, trigliceridi a catena lunga (LCT). Le lineeguida dell'ESPGHAN raccomandano che l'apporto lipidico in corso di NP fornisca il 25-40% dell'intake calorico non proteico totale; l'apporto raccomandato di acido linoleico dovrebbe essere 0,25 g/kg/die per il neonato pretermine e 0,1 g/kg/die per i nati a termine e i bambini più grandi [1].

Nel caso in cui il glucosio sia sufficiente come fonte calorica, bastano 2 o 3 somministrazioni a settimana di lipidi per garantire un apporto adeguato di EFA. In tal caso bisogna tenere conto del loro apporto calorico e ridurre la quantità di glucosio da somministrare, che deve comunque rappresentare almeno il 60% delle calorie infuse, considerando che:

- un grammo di lipidi fornisce circa 9 kcal
- il fabbisogno lipidico massimo è di 3-4 g/kg/die nel lattante e 2-3 g/kg/die nel bambino (Tabella 3.2)
- intralipid 10% (500 ml) → 450 kcal

Tabella 3.2 Incremento progressivo della concentrazione di lipidi nella NP fino al raggiungimento della dose ottimale, differenziato per età

	Prematuri g/kg/die	Neonati g/kg/die	Bambini g/kg/die
Dose iniziale	0,5	1	1
Incremento giornaliero	0,25	0,5	0,5
Dose massima	3	3	2

Durante la prima somministrazione è necessario saggiare la tolleranza alla miscela lipidica, infondendo molto lentamente (10 ml/kg/ora) per i primi 15 minuti (1 ml/kg/ora se si tratta di bambini con peso <5 kg), quindi si può passare alla normale velocità di infusione.

Le reazioni acute segnalate più di frequente sono: febbre, sensazione di calore, brividi e tremori, dolore al torace e alla schiena, anoressia e vomito. La trigliceridemia dovrebbe essere monitorata in corso di NP, accettando come normali valori lievemente superiori a quelli osservati nel bambino sano.

Cautela particolare va osservata per soggetti con malattie epatiche, affezioni polmonari, anemia e alterazioni della coagulazione, in particolare in caso di:

- insufficienza respiratoria: sebbene non vi siano solide evidenze sull'influenza delle emulsioni lipidiche nei bambini con insufficienza respiratoria grave in fase acuta con o senza ipertensione polmonare, si consiglia di evitare la somministrazione di lipidi ad alti dosaggi. Recenti studi, infatti, ipotizzano che la compromissione della funzione respiratoria (in particolare della riduzione della diffusione dell'ossigeno attraverso la parete alveolare) sia imputabile alla conversione degli acidi grassi polinsaturi (PUFA) in prostaglandine in grado di modificare il tono vascolare generando ipossiemia [7];
- trombocitopenia: in corso di somministrazione prolungata di emulsioni lipidiche, sono state osservate sia trombocitopenia che emofagocitosi a livello midollare, pertanto, in pazienti con trombocitopenia grave e di natura incerta, si consiglia di monitorare la trigliceridemia e di ridurre l'infusione parenterale di lipidi, a causa dei possibili effetti sull'aggregazione piastrinica; gli stessi accorgimenti dovrebbero essere adottati in presenza di altre coagulopatie (ad esempio sepsi o coagulazione intravasale disseminata, CID);
- colestasi: nei pazienti con colestasi severa secondaria a NP e in assenza di altre cause evidenti, la somministrazione endovenosa di lipidi potrebbe dover essere ridotta o sospesa.

Nella preparazione della soluzione per NP è importante ricordare che non si devono introdurre elettroliti nei flaconi dei lipidi. Inoltre, i lipidi hanno problemi di stabilità nella miscela nutrizionale per la loro forma farmaceutica, che è un'emulsione. Non possono essere preparate miscele contenenti solo lipidi e glucidi senza AA: le soluzioni glucosate sono acide e senza l'azione tampone degli AA causano la rottura dell'emulsione. I lipidi si possono inserire nella sacca alla fine della preparazione agitando delicatamente la miscela oppure possono essere infusi da una sacca indipendente.

Per preparare una NP "tutto in uno" è necessario:

- scegliere una soluzione di AA adeguatamente tamponata
- impiegare sacche e deflussori di etilvinilacetato (EVA)
- non aggiungere nulla direttamente nel flacone dei lipidi
- mantenere il pH>5,5
- conservare a temperatura compresa tra 2 °C e 6 °C
- ricordare che un valore troppo alto di pH può determinare la formazione di precipitati difficilmente rimovibili in una miscela contenente lipidi.

Poiché sono richieste verifiche complesse è preferibile somministrare i lipidi a parte.

3.3 Protidi e aminoacidi

Le proteine sono i principali componenti strutturali e funzionali della cellula e sono costituite da AA legati tra loro a formare catene lineari a struttura polimerica. Il fabbisogno proteico è minore per via parenterale, poiché bypassa l'intestino, e varia con l'età (Tabella 3.3). Come fonte di azoto (N) per la sintesi proteica vengono utilizzati AA cristallini. Il rapporto N/kcal non proteiche considerato ottimale è di 1 g di N ogni 120-150 kcal, intendendo, cioè, che servono 120-150 kcal non proteiche per l'incorporazione di 1 g di N nei pazienti con normale funzionalità renale.

Tabella 3.3 Fabbisogno proteico per via parenterale, differenziato per età

	Prematuri/Neonati	Lattanti	Bambini	Adulti
g/kg/die	2,0-2,5	2,5-3,0	1,5-2,5	1,0-1,5

Considerando che 1 g di N corrisponde a 6,25 g di proteine, la quantità di AA da infondere in regime di NP può essere calcolata così: (calorie totali/die x 6,25)/150 = g di AA/die (Tabella 3.4). Per un paziente catabolico o ipercatabolico, 120-100 kcal non proteiche/1 g di N; per un paziente con insufficienza renale moderata/severa, 200-300 kcal non proteiche/1 g di N.

Tabella 3.4 Incremento progressivo della quota proteica nella NP fino al raggiungimento della dose ottimale, differenziato per età; 2,0% è la massima concentrazione consentita per una periferica

Giorno	Neonati (%)	Lattanti/Bambini (%)
1	0,5	1,0
2	0,5	1,5
3	1,0	**2,0**
4	1,0	2,5
5	1,5	3,0
6	1,5	
7-8	**2,0**	
9-10	2,5	
11-12	3,0	

Informazioni più precise sulla valutazione dei fabbisogni aminoacidici e sull'efficacia della terapia nutrizionale in corso si ottengono effettuando il bilancio azotato, che è uguale alla differenza tra l'N introdotto con la dieta e quello eliminato. Un bilancio azotato positivo è indice di sintesi proteica; un bilancio azotato negativo è sinonimo di perdita di proteine e di massa muscolare. La perdita di N è maggiore nel digiuno a breve termine e nei pazienti ben nutriti, aumenta dopo un trauma e dopo particolari terapie (corticosteroidi) [8].

3.3.1 Complicanze da aminoacidi

- Acidosi metabolica ipercloremica: in seguito all'utilizzo di idrolisati proteici (molti cloruri). Meglio usare idrolisati cristallini, che contengono acetati.
- Disfunzione epatica e colestasi: in soggetti predisposti. In tal caso è utile ricorrere a soluzioni con basso tenore di AA ramificati (valina, leucina, isoleucina) e alto tenore di glicina, fenilalanina, metionina.
- Iperazotemia che precede iperammoniemia: nei soggetti epatopatici e nei pazienti settici, per un eccesso di apporto azotato. È utile utilizzare AA specifici per insufficienza epatica e renale (vedi paragrafo successivo).

3.3.2 Substrati proteici

Le soluzioni aminoacidiche disponibili in commercio sono:

- Soluzione di AA essenziali e non essenziali al 10% contenenti 100 g/l di AA e circa 16g/l di N.
- Soluzione di AA essenziali al 5,4% contenenti 54 g/l di AA e circa 7,2 g/l di N; indicati per l'insufficienza renale.
- Soluzione di AA a catena ramificata al 4% contenenti 40 g/l di AA e circa 4,49 g/l di N; indicati per encefalopatia epatica, sepsi e trauma (gli AA ramificati isoleucina, leucina e valina sono la fonte energetica preferenziale dei muscoli nelle situazioni di catabolismo).
- Soluzione di AA selettivi al 8% contenenti 80 g/l di AA e circa 12,26 g/l di N; indicati per la grave insufficienza epatica.
- Soluzione di AA arricchiti con glutamina al 14% contenenti 140 g/l di AA e circa 22,4 g/l di N; utili in alcune affezioni dell'apparato gastroenterico e nelle condizioni di stress.

I substrati proteici non devono essere valutati come fonte energetica, ma solo come materiale plastico.

3.3.3 Aminoacidi specifici

La **glutamina** è un AA non essenziale sintetizzato prevalentemente dal muscolo scheletrico, la cui produzione endogena è pressoché costante sia in condizioni di benessere che in pazienti critici sottoposti a stress severo. Il razionale di una sua supplementazione in corso di NP deriva non solo da tale osservazione, ma anche da evidenti benefici clinici e dall'assenza di effetti avversi. Grazie alla sua ridotta osmolalità, può essere somministrata agilmente non solo attraverso cannule centrali, ma anche per mezzo di accessi venosi periferici. La sua supplementazione potrebbe essere indicata in gruppi selezionati di soggetti sottoposti a NP, in particolare in alcuni pazienti onco-ematologici, nei pazienti con grave patologia gastrointestinale e nei pazienti critici nelle unità di terapia intensiva [9].

La **cisteina** è considerata un AA semiessenziale nel periodo neonatale. È una molecola piuttosto instabile in soluzione e pertanto è difficilmente somministrabile in dosi adeguate. È il principale substrato del glutatione.

La **tirosina**, come la cisteina, è considerata un AA semiessenziale nel periodo neonatale. L'assunzione eccessiva di tale AA dovrebbe essere evitata a causa della compromissione neurologica che ne deriva.

3.4 Fluidi ed elettroliti

L'acqua è il componente essenziale per veicolare i nutrienti nella NP ed è il maggior costituente dell'organismo umano a qualsiasi età, rappresentando il 75% del peso corporeo nel neonato a termine e il 50% nell'adulto. Occupa sia il comparto intracellulare, in cui il potassio è lo ione più rappresentato, che quello extracellulare, in cui tra gli elettroliti prevale il sodio. Il fabbisogno di fluidi, quindi, varia sensibilmente a seconda dell'età e delle condizioni cliniche e può discostarsi molto dai valori raccomandati di seguito in caso di ritenzione idrica significativa o di disidratazione (Tabella 3.5).

Tabella 3.5 Fabbisogno di liquidi per NP, differenziato per età

	Prematuri/Neonati	2-12 mesi	1-2 anni	3-5 anni	6-12 anni	13-18 anni
ml/kg/die	140-160	120-150	80-120	80-100	60-80	50-70

Anche le sostanze minerali svolgono ruoli essenziali nell'organismo:

- Sodio (Na), Cloro (Cl): regolazione pressione osmotica, equilibrio acido-base, eccitabilità neuromuscolare
- Potassio (K): eccitabilità dei muscoli striati (in particolare miocardio)
- Calcio (Ca), metabolismo dell'osso, emocoagulazione, trasmissione nervosa
- Fosforo (P): formazione dello scheletro, costituzione dei fosfolipidi, equilibrio acido-base (sistema tampone)
- Magnesio (Mg): reazioni enzimatiche e trasmissione degli stimoli nervosi.

Il fabbisogno quotidiano di elettroliti infusi per via parenterale è riportato in Tabella 3.6.

Tabella 3.6 Fabbisogno quotidiano di elettroliti per NP; per gli ioni monovalenti (Na, Cl, K): 1 mEq = 1 mmol; per gli ioni bivalenti (Ca, P): 1 mEq = $^1/_2$ mmol

Sodio	2-4 mEq/kg/die
Potassio	2-3 mEq/kg/die
Cloro	2-3 mEq/kg/die
Fosfato	1-2 mmol/kg/die
Calcio	0,5-2,5 mEq/kg/die
Magnesio	0,25-0,5 mEq/kg/die

Il Na può essere introdotto come NaCl, Na lattato oppure Na acetato, disponibili alle seguenti concentrazioni:
- Sodio cloruro: 2 mEq/ml fiale 10 ml
- Sodio cloruro: 3 mEq/ml flacone multidose
- Sodio lattato: 2 mEq/ml flacone multidose
- Sodio acetato: 3 mEq/ml fiale 10 ml

Il Cl può essere introdotto come NaCl o KCl; Na e Cl sono presenti in genere nella miscela parenterale nella stessa concentrazione.

Il K può essere introdotto come KCl, K fosfato, K acetato e K aspartato, disponibili alle seguenti concentrazioni:
- Potassio fosfato: 2 mEq/ml fiale 10 ml o flacone multidose
- Potassio cloruro: 2 mEq/ml fiale 10 ml
- Potassio cloruro: 3 mEq/ml flacone multidose
- Potassio acetato: 3 mEq/ml flacone multidose
- Potassio aspartato: 1 e 3 mEq/ml fiale 10 ml

Il Mg viene introdotto come Mg solfato sotto forma di fiale al 10% da 10 ml contenenti 8 mEq di Mg.

Il P viene introdotto come K fosfato o in alternativa come fruttosio 1-6 difosfato (esafosfina: 50 ml = 23,5 mmol di P).

Lo ione Mg è incompatibile con lo ione P quando c'è contatto diretto in siringa o addizioni simultanee in un piccolo volume.

Il Ca può essere introdotto come Ca gluconato e come CaCl disponibile alle seguenti concentrazioni:
- Calcio gluconato: 10 % fiale da 10 ml contenenti 4,5 mEq di Ca
- Calcio gluconato: 6% flacone multidose contenente 0,268 mEq/ml
- Calcio cloruro: 10% fiale da 10 ml contenenti 13,6 mEq di Ca

È preferibile utilizzare il Ca gluconato perché, a differenza del Ca cloruro, non essendo completamente dissociato, interagisce meno con il Mg solfato e il K fosfato, con cui può formare dei precipitati. Se sono presenti in sacca contemporaneamente più di 15 mEq/l di Ca e 18 mEq/l di P si forma precipitato di fosfato di Ca. Nel computo dei milliequivalenti da introdurre bisogna sottrarre le concentrazioni presenti nelle soluzioni dei nutrienti (es.: Na e Cl negli AA e Cl nelle soluzioni lipidiche).

Il ferro (Fe) non è un elemento utilizzato routinariamente nella NP e attualmente non vi sono raccomandazioni precise circa il suo fabbisogno per via parenterale. I due problemi principali circa l'infusione endovenose di Fe sono rappresentati dal rischio di accumulo da sovradosaggio e dalla stimolazione della crescita di batteri, con conseguente aumento del rischio infettivo. Inoltre le reazioni avverse durante la somministrazione endovenosa di Fe non sono rare. Tuttavia la somministrazione di Fe può essere necessaria in caso di NP prolungata (>3 settimane) e nei neonati di peso molto basso sottoposti a NP; in tali casi è necessario uno stretto monitorasggio del bilancio marziale per prevenire il rischio di accumulo [1, 3].

Altri elementi quali cromo, iodio, rame, molibdeno, manganese, selenio e zinco, coinvolti in numerosi processi metabolici, dovrebbero essere somministrati in caso di NP prolungata o sulla base di specifiche condizioni cliniche.

3.5 Vitamine

Le vitamine per via parenterale sono fornite sotto forma di miscele polivitaminiche. La loro somministrazione comporta alcune difficoltà tecniche e farmacologiche a causa della tendenza di alcune di esse ad aderire alla parete della cannula d'infusione, di interagire con altri componenti della miscela nutritiva o di degradarsi se esposte alla luce. Tali problematiche possono rendere conto della somministrazione subottimale di alcune vitamine (in particolare la vitamina A), soprattutto in alcune condizioni, ad esempio nei neonati pretermine in cui l'infusione sia lenta. Per tali motivi, qualora possibile, sia le vitamine idrosolubili che quelle liposolubili dovrebbero essere infuse insieme a un'emulsione lipidica, da un lato per aumentare la propria stabilità e dall'altro per ridurre la perossidazione dell'emulsione lipidica stessa.

Il fabbisogno ottimale di vitamine nel neonato e nel bambino non è stato ancora determinato, in particolare in relazione a stati patologici acuti o cronici, tuttavia l'ESPGHAN ha individuato le dosi vitaminiche consigliate per la NP basandosi sulle preparazioni disponibili in commercio (Tabella 3.7) [1].

Non si ritiene necessario monitorare routinariamente i livelli vitaminici nei soggetti sottoposti a NP, tuttavia dosaggi mirati possono essere necessari in alcuni pazienti in condizioni cliniche specifiche. A differenza che per il bambino e l'adulto, le miscele multivitaminiche disponibili in commercio per neonati e lattanti sono poche. In esse la quota di vitamine liposolubili è pressoché costante e, a differenza delle preparazioni per adulti, non vi sono additivi quali propilen-glicole e polisorbati a causa della loro potenziale tossicità in età pediatrica. Il fabbisogno di vitamine idrosolubili può essere significativamente aumentato nel pretermine, tuttavia la somministrazione di dosi troppo elevate può comportare un seppur lieve rischio di tossicità [1, 2].

Vediamo in breve le principali caratteristiche delle vitamine fornite nei composti multivitaminici disponibili in commercio:

Tabella 3.7 Fabbisogno vitaminico raccomandato per NP

	Lattanti dose/kg/die	Bambini dose/die
Vitamina A (μg)[a]	150-300	150
Vitamina D (μg)	0,80 (32 UI) 1	0 (400 UI)
Vitamina E (mg)	2,80-3,50	7
Vitamina K (μg)	10 (raccomandata, ma attualmente non possibile)[b]	200
Vitamina C (acido ascorbico) (mg)	15-25	80
Vitamina B1 (tiamina) (mg)	0,35-0,50	1,20
Vitamina B2 (riboflavina) (mg)	1,15-0,20	1,40
Vitamina B6 (piridossina) (mg)	1,15-0,20	1,00
Niacina (mg)	4,00-6,80	17
Vitamina B12 (cobalamina) (μg)	0,3	1
Acido folico (μg)	56	140
Acido pantotenico (mg)	1-2	5
Biotina (μg)	5-8	20

[a] 1 μg RE (equivalente retinolico) = 1 μg retinolo tutto-trans = 6 μg β-carotene = 3.33 UI vitamina A

[b] Le miscele multivitaminiche attualmente disponibili in commercio forniscono dosi maggiori di vitamina K, senza apparenti effetti avversi evidenti

- Vitamina A – è indispensabile per la differenziazione cellulare, soprattutto a livello epiteliale, per il corretto funzionamento del sistema immune e per la visione. È soggetta a degradazione se esposta alla luce solare diretta, ma è scarsamente vulnerabile se esposta alla luce di alcune lampade al neon e di fototerapia, pertanto la schermatura della sacca e dei tubi d'infusione dovrebbe essere raccomandata solo in caso di esposizione al sole; il grado di degradazione varia a seconda che la vitamina A sia miscelata o meno a emulsioni lipidiche. La sua concentrazione tende a ridursi se somministrata in miscele contenenti vitamine idrosolubili e in seguito al legame con i polimeri costituenti alcuni tipi di cannula d'infusione. A causa di tali fattori, si ritiene che la quota di retinolo effettivamente biodisponibile sia inferiore al 40% della dose somministrata: la somministrazione insieme a emulsioni lipidiche, la riduzione dei tempi d'infusione e della superficie di contatto con la cannula sono i provvedimenti più efficaci per ottimizzarne la disponibilità.
- Vitamina E – ha proprietà antiossidanti e protegge i lipidi delle membrane cellulari dal danno ossidativo prodotto dai radicali liberi dell'ossigeno. La sua somministrazione precoce in neonati prematuri riduce la gravità della retinopatia del pretermine e l'incidenza e la gravità delle emorragie intracraniche, tuttavia è stata associata anche all'aumento di incidenza di sepsi in neonati di peso molto basso. Il tocoferolo tende ad essere adsorbito dai polimeri costituenti le cannule di infusione, tuttavia si può porre rimedio a tale inconveniente somministrandolo sotto forma di estere o in associazione a emulsioni lipidiche. A differenza della vitamina A, non viene degradata dalla luce solare.

- Vitamina D – ricopre un ruolo fondamentale nell'omeostasi del metabolismo calcio-fosforo insieme al paratormone. La sua carenza è responsabile delle forme più comuni di rachitismo. La dose di vitamina D somministrata per via parenterale dovrebbe essere significativamente minore rispetto a quella richiesta per via enterale.
- Vitamina K – è necessaria alla sintesi epatica di alcuni fattori della cascata coagulativa (fattori II, VII, IX, X, proteina C, proteina S). La sua carenza è responsabile di sanguinamenti. Sebbene la dose giornaliera raccomandata per via parenterale sia di soli 10 μg/kg, i preparati multivitaminici in commercio forniscono un apporto di vitamina K circa 10 volte superiore, tuttavia non sono riportati effetti avversi clinicamente apprezzabili.
- Vitamina C – l'acido ascorbico è un importante agente antiossidante e agisce quale cofattore nelle reazioni di idrossilazione e in numerosi altri processi metabolici, in particolare nel catabolismo della tiroxina nel pretermine. La sua carenza è responsabile dello scorbuto. Grazie alla rapida eliminazione renale, è estremamente raro che un suo sovradosaggio sortisca effetti tossici, che si possono manifestare con uricosuria, iperossaluria e ipoglicemia.
- Vitamina B1 – la tiamina pirofosfato è coinvolta nel Ciclo di Krebs, nel metabolismo dei glicidi e nella sintesi dei lipidi. La sua carenza è responsabile del beri-beri, malattia caratterizzata da sintomi neurologici e cardiovascolari; uno scarso apporto in corso di NP può dare origine a una grave acidosi lattica, talora fatale in breve tempo.
- Vitamina B2 – la riboflavina partecipa alle reazioni di ossidoriduzione e quindi è fondamentale per il metabolismo energetico cellulare. Il suo fabbisogno è strettamente legato all'intake proteico. È una molecola estremamente labile se esposta alla luce, pertanto la sua somministrazione richiede un'appropriata fotoprotezione.
- Vitamina B6 – in forma fosforilata è coinvolta nel metabolismo degli AA, dei glicidi e delle prostaglandine. La sua carenza si manifesta con sintomatologia neurologica e anemia ipocromica. Il suo fabbisogno è strettamente legato all'intake proteico.
- Niacina – è coinvolta nella sintesi di NADH e NADPH, pertanto è fondamentale per il metabolismo energetico della cellula. La sua carenza dà origine alla pellagra, caratterizzata da sintomatologia cutanea, gastroenterica e neurologica.
- Vitamina B12 – la cobalamina è implicata nel metabolismo della metionina e nella sintesi degli acidi nucleici. È presente in tutti gli alimenti d'origine animale, ma non nei vegetali.
- Acido folico – è coinvolto nel metabolismo delle purine e delle pirimidine, nonché nel catabolismo dell'istidina e nella sintesi di altri AA.
- Acido pantotenico – è il precursore del Coenzima A, fondamentale per il metabolismo di glicidi, lipidi e AA.
- Biotina – è coenzima di numerose carbossilasi; la sua carenza in soggetti sottoposti a NP e terapie antibiotiche ad ampio spettro può condurre allo sviluppo di una sindrome caratterizzata da letargia alternata a irritabilità, ipotonia, dermatite e alopecia.

Bibliografia

1. Koletzko B, Goulet O, Hunt J et al (2005) Guidelines on paediatric parenteral nutrition of the European Society of Paediatric Gastroenterology, Hepatology and Nutrition (ESPGHAN) and the European Society for Clinical Nutrition and Metabolism (ESPEN), Supported by the European Society of Paediatric Research (ESPR). J Pediatr Gastroenterol Nutr 41(Suppl 2):S1-S87
2. Shulman RJ, Phillips S (2003) Parenteral nutrition in infants and children. J Pediatr Gastroenterol Nutr 36:587-600
3. Schanler RJ, Schulman RJ, Prestridge LL (1994) Parenteral nutrient needs of very low birth weight infants. J Pediatr 125:961-968
4. Committee on Nutrition. American Academy of Pediatrics (1998) Nutritional needs of preterm infants. In: Kleinman RE, ed. Pediatric nutrition handbook. American Academy of Pediatrics, Elk Grove Village, p 55-88
5. Kalhan SC, Kilic I (1999) Carbohydrate as nutrient in the infant and child: range of acceptable intake. Eur J Clin Nutr 53:S94-S100
6. Lee EJ, Simmer K, Gibson RA (1993) Essential fatty acid deficiency in parenterally fed preterm infants. J Pediatr Child Health 29:51-55
7. Suchner U, Katz DP, Furst P et al (2001) Effects of intravenous fat emulsions on lung function in patients with acute respiratory distress syndrome or sepsis. Crit Care Med 29:1569-1574
8. Coss-Bu JA, Kopple J, Walding D et al (2001) Energy metabolism, nitrogen balance, and substrate utilization in critically ill children. Am J Clin Nutr 74:664-669
9. Wernerman J (2008) Clinical use of glutamine supplementation. J Nutr 138:2040S-2044S

Valutazione dello stato nutrizionale 4

F. Savino, S.A. Liguori

4.1 Introduzione

In età pediatrica la determinazione dello stato nutrizionale costituisce un momento fondamentale nella valutazione della crescita del bambino e rappresenta una parte importante dell'esame clinico del bambino con malattia acuta e cronica [1]. Gli strumenti che consentono di effettuare una prima valutazione dello stato nutrizionale sono rappresentati dall'anamnesi, con particolare attenzione alle abitudini alimentari, dall'esame obiettivo e dalla determinazione di peso, altezza e indice di massa corporea (body mass index, BMI). Una valutazione più accurata dello stato nutrizionale può essere poi svolta attraverso lo studio della composizione corporea e la determinazione di alcuni parametri di laboratorio.

4.2 Storia anamnestica

Il primo momento della valutazione dello stato nutrizionale è rappresentato dall'anamnesi. È importante raccogliere notizie sulla gravidanza (crescita endouterina, stato di salute materno prima e durante la gravidanza, eventuali terapie farmacologiche assunte e sostanze d'abuso, scelte dietetiche), sulla nascita (età gestazionale, parametri antropometrici neonatali), sul tipo di allattamento, sull'epoca e le modalità dello svezzamento. In secondo luogo è importante valutare l'eventuale presenza di patologie acute o croniche in grado di influenzare la crescita e lo stato nutrizionale del bambino, nonché l'assunzione di farmaci in grado di ostacolare l'assorbimento di alcuni nutrienti.

Ai fini della valutazione dello stato nutrizionale è poi importante raccogliere un'anamnesi dietetica dettagliata sull'assunzione giornaliera "tipica" di cibo e a tal fine il

Nutrizione parenterale in pediatria. Francesco Savino et al.

metodo più accurato è rappresentato dal diario dietetico compilato per 3-5 giorni. Infine, è importante raccogliere informazioni sulla pregressa storia alimentare, sull'eventuale uso di integratori calorici, vitaminici e minerali e sulle abitudini e i comportamenti alimentari familiari.

4.3 Esame obiettivo

L'esame obiettivo rappresenta un valido strumento per la valutazione dello stato nutrizionale, in quanto già solo l'ispezione permette di cogliere alcuni elementi fondamentali, quali uno stato di disidratazione, la presenza di edema, eccessiva o scarsa quantità di tessuto adiposo sottocutaneo o di massa muscolare [2]. L'esame obiettivo deve poi essere mirato a rilevare i segni di eventuali carenze o eccessi di vitamine, minerali e oligoelementi, ad esempio segni di anemia o rachitismo (Tabella 4.1).

4.4 Indici antropometrici

La determinazione degli indici antropometrici consiste nella misurazione di peso e lunghezza e permette una valutazione trasversale o longitudinale dello stato nutrizionale. Misurazioni singole permettono di valutare lo stato di crescita del bambino in un determinato momento, mentre misurazioni ripetute nel tempo consentono la valutazione della velocità di crescita. I valori ottenuti vanno confrontati con quelli delle appropriate curve di riferimento per età e sesso. Nel 2000 sono state pubblicate le nuove carte di crescita del Center for Disease Control and Prevention (CDC) e del National Center for Health Statistics (NCHS) che hanno sostituito le carte NCHS del 1977 [3, 4]. Vi sono inoltre valori di riferimento per i bambini prematuri e per bambini con patologie croniche o sindromi genetiche. Recentemente sono state preparate carte di crescita di peso, lunghezza e BMI per la popolazione pediatrica italiana da 2 a 20 anni di età [5].

Nella determinazione degli indici antropometrici è importante prestare particolare attenzione all'appropriatezza e precisione delle apparecchiature utilizzate e all'abilità dell'operatore. Per migliorare la precisione delle misurazioni è consigliabile ripetere più volte (almeno 3) l'operazione e scegliere poi il valore medio. Le misurazioni antropometriche vanno eseguite con una determinata frequenza al fine di rilevare variazioni significative. Nelle Tabelle 4.2 e 4.3 è indicata la frequenza con cui effettuare le misurazioni rispettivamente in pazienti sani non ospedalizzati e in pazienti ospedalizzati.

Tabella 4.1 Segni e sintomi di carenze nutrizionali

Nutriente	Segni e sintomi
Proteine	Cambiamento del percentile di peso, lunghezza e circonferenza cranica
Grassi	Perdita di peso, carenza di acidi grassi essenziali
Vitamine	
Tiamina	Anoressia, vomito, edema, cardiomiopatia, neuropatia, paralisi periferica, encefalopatia
Riboflavina	Cheilosi, stomatite angolare, glossite, dermatite, fotofobia
Piridossina	Convulsioni, anemia, neuropatia periferica, cheilite, glossite, disturbi gastrointestinali
Niacina	Debolezza, dermatite, disturbi gastrointestinali, demenza
Biotina	Dermatite, alopecia, irritabilità, letargia, dolore muscolare
Acido folico	Anemia megaloblastica, neutropenia, trombocitopenia, stomatite
B_{12}	Anemia megaloblastica, neuropatia, perdita di memoria, parestesie, glossite
C	Anoressia, perdita di memoria, parestesie, confusione, irritabilità, apatia, pallore, scarso accrescimento, emorragie, dolore osseo
A	Cecità notturna, xeroftalmia, cheratomalacia
D	Rachitismo, osteomalacia, ritardo nell'eruzione dentaria
E	Emolisi (neonato prematuro), neuropatia
K	Sanguinamento
Minerali	
Sodio	Convulsioni, ipotensione
Potassio	Debolezza, aritmie, spasmi muscolari
Calcio	Osteomalacia, tetania, convulsioni
Fosforo	Anoressia, debolezza, dolore osseo, neuropatia
Magnesio	Convulsioni, aritmie, disturbi gastrointestinali, ipocalcemia, ipopotassiemia
Oligoelementi	
Ferro	Anemia, anomalie del comportamento
Zinco	Deficit di crescita, dermatite, ipogeusia, alopecia, ritardata cicatrizzazione delle ferite, ipogonadismo
Rame	Anemia microcitica, neutropenia, osteoporosi, neuropatia, depigmentazione di cute e capelli
Selenio	Cardiomiopatia, anemia, miosite
Cromo	Intolleranza al glucosio, iperlipidemia, neuropatia periferica, encefalopatia
Iodio	Gozzo, cretinismo
Molibdeno	± Ritardo di crescita (nell'animale), tachicardia, tachipnea, disturbi gastrointestinali
Fluoro	Carie

Tabella 4.2 Frequenza delle misurazioni antropometriche in pazienti sani non ospedalizzati

	Nascita-2 mesi	2-6 mesi	6-24 mesi	2-6 anni	6-18 anni
Peso	Ogni mese	Ogni 2 mesi	Ogni 3 mesi	Ogni anno	Ogni 2 anni
Lunghezza	Ogni mese	Ogni 2 mesi	Ogni 3 mesi	Ogni anno	Ogni 2 anni
Circonferenza cranica	Ogni mese	Ogni 2 mesi	Ogni 3 mesi	Ogni anno	-

Tabella 4.3 Frequenza delle misurazioni antropometriche in pazienti ospedalizzati

	Pretermine	Nato a termine-12 mesi	12-24 mesi	2-18 anni
Peso	Ogni giorno	Ogni giorno	Ogni 2 giorni	Ogni settimana
Lunghezza	Ogni 2 settimane	Ogni 2 mesi	Ogni 3 mesi	Ogni anno
Plica tricipitale	-	-	Ogni mese	Ogni mese
MAC	Ogni mese	Ogni mese	Ogni mese	Ogni mese
AMA	-	-	Ogni mese	Ogni mese
AFA	-	-	Ogni mese	Ogni mese

MAC, *midarm circumference* (circonferenza dell'avambraccio); *AMA*, *arm muscle area* (area muscolare del braccio); *AFA*, *arm fat area* (area adiposa del braccio)

4.4.1 Peso

La misurazione del peso corporeo può essere effettuata utilizzando nel neonato e nel lattante una bilancia per neonati e nel bambino più grande una bilancia a raggio o a lettura digitale. Il neonato e il lattante devono essere pesati nudi, mentre il bambino più grande viene pesato senza scarpe e con pochi vestiti. La misurazione va approssimata nell'ordine di 0,01 kg nel lattante e di 0,1 kg nel bambino.

4.4.2 Lunghezza o statura

Tra le misure antropometriche la lunghezza o statura costituisce un indice della qualità della crescita del bambino in riferimento alla massa magra.

Nei neonati e nei bambini fino ai due anni di età viene misurata la lunghezza in posizione supina utilizzando l'infantometro, strumento dotato di una tavoletta fissa che viene appoggiata al capo del bambino, di una tavoletta mobile collocata ai piedi e di un'asta graduata posizionata a un lato. Per effettuare tale misurazione occorrono due operatori: uno tiene il capo del bambino appoggiato all'estremità fissa dell'infantometro, in modo tale che il piano ideale che passa tra il meato acustico esterno e il margine inferiore dell'orbita (piano di Francoforte) sia perpendicolare al piano di appoggio;

l'altro esaminatore distende con una leggera trazione gli arti inferiori del bambino e posiziona le piante dei piedi contro il piano mobile dell'infantometro. La lunghezza deve essere approssimata a 0,1 cm.

Nei bambini di età superiore ai due anni viene misurata la statura, o altezza in posizione eretta, utilizzando lo stadiometro, strumento dotato di un'asta graduata verticale e di una tavoletta mobile. Il bambino deve essere in posizione eretta, a piedi nudi e deve appoggiare la testa, le spalle, i glutei e i talloni allo stadiometro; i piedi devono essere tenuti vicini e flessi e formare un angolo di 90°. Il bambino deve guardare dritto davanti a sé in modo che il piano di Francoforte sia parallelo al piano di appoggio. La parte mobile dello strumento viene fatta scivolare verso il basso e appoggiata al capo del bambino.

Nei bambini di età superiore ai tre anni e non in grado di stare in posizione eretta senza supporto viene misurata la lunghezza in posizione supina; quando la misurazione viene rapportata alle carte di riferimento per la statura bisogna togliere 2 cm al valore misurato. Nei bambini con importanti deformità muscoloscheletriche si utilizzano la lunghezza del braccio o della gamba quali indicatori della crescita lineare.

4.4.3 Peso in relazione all'altezza

Il peso del bambino rapportato al peso ideale in relazione all'altezza misurata (peso per altezza) può essere usato per distinguere uno scarso accrescimento da malnutrizione cronica e/o patologia cronica da un dimagrimento da deprivazione nutrizionale acuta o patologie acute come la gastroenterite, ed è indipendente dall'età. Nel primo caso il peso corporeo è basso per l'età, ma proporzionale all'altezza; nel secondo caso il peso è ridotto rispetto all'altezza, che è adeguata per l'età. L'indice accettato internazionalmente è lo z-score del peso per altezza o il percentile.

4.4.4 L'indice di massa corporea

L'indice di massa corporea o *body mass index* (BMI) è dato dal rapporto tra il peso espresso in kg e il quadrato dell'altezza in metri (kg/m^2). Deve essere rapportato all'età e al sesso del soggetto e confrontato con gli standard di riferimento. Nell'età pediatrica è opportuno utilizzare come riferimento le tabelle dei percentili del BMI per età, piuttosto che i valori assoluti. Nei soggetti tra i 2 e i 20 anni di età, se il BMI per età è inferiore al 5° percentile il bambino è sottopeso, se è tra il 5° e l'85° percentile è normopeso, se è tra l'85° e il 95° percentile è a rischio di sovrappeso e se è superiore al 95° percentile è sovrappeso.

4.5 Determinazione della composizione corporea

L'analisi della composizione corporea, che è lo studio dal punto di vista quantitativo e qualitativo dei vari compartimenti che costituiscono l'organismo umano, rappresenta un buon indice dello stato nutrizionale ed è particolarmente utile in età pediatrica in quanto fino al raggiungimento dell'età adulta si verificano fisiologiche modificazioni della composizione corporea (Fig. 4.1). In particolar modo, la misurazione del compartimento adiposo rappresenta uno strumento di valutazione dello stato nutrizionale, poiché durante il digiuno o nei periodi di stress metabolico l'organismo utilizza soprattutto i grassi come fonte di energia.

Lo studio della composizione corporea può essere effettuato con numerose tecniche che fanno riferimento ai diversi modelli di composizione corporea. Secondo il modello bicompartimentale, il corpo umano è formato da massa grassa (*fat mass*, FM) e massa magra (*fat free mass*, FFM); nel modello tricompartimentale, quest'ultima è a sua volta distinta in massa cellulare corporea (*body cellular mass*, BCM) e massa extra cellulare (*extra cellular mass*, ECM); nel modello quadricompartimentale si ritiene che il corpo umano sia formato da acqua, massa grassa, proteine e minerali. Nel modello a cinque componenti la massa magra è distinta in BCM ed ECM; la BCM comprende i parenchimi e le masse muscolari ed è distinta in una componente metabolicamente attiva e in acqua intracellulare (*intra cellular water*, ICW); l'ECM, comprende lo scheletro, il collagene e l'acqua extracellulare (*extra cellular water*, ECW), che ne rappresenta il compartimento volumetricamente più rilevante. L'ECW comprende i fluidi inter-

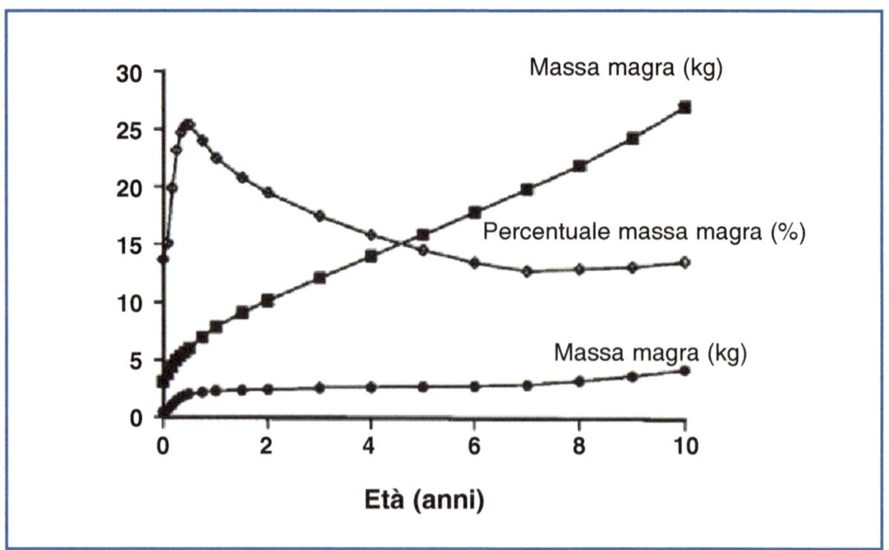

Fig. 4.1 Modificazione della composizione corporea nel bambino dalla nascita all'età di 10 anni

stiziali, il plasma e i fluidi transcellulari (fluido cerebrospinale e fluidi articolari). ICW ed ECW formano l'acqua corporea totale (TBW), di cui l'ECW rappresenta il 40% con un'oscillazione fisiologica compresa tra il 38% e il 45% [6].

Le principali tecniche utilizzate per lo studio della composizione corporea sono indicate nella Tabella 4.4. La maggior parte di esse tuttavia è di difficile impiego in età pediatrica.

Tra i metodi utilizzati per stimare la massa grassa vi è la **plicometria**; essa si basa sul presupposto che esiste un rapporto costante tra lo spessore del grasso sottocutaneo e il grasso corporeo totale e che le sedi scelte per le misurazioni rappresentino lo spessore medio del tessuto adiposo sottocutaneo; entrambi gli assunti sono stati tuttavia messi in discussione. Gli strumenti impiegati sono il plicometro di Holtain e quello di Lange. Le pliche vengono generalmente misurate a livello tricipitale e sottoscapolare sull'emisoma sinistro; la prima sede è ritenuta rappresentativa del tessuto adiposo totale e riflette variazioni a breve termine dei depositi energetici, la seconda è rappresentativa di quello presente nel tronco e riflette maggiormente variazioni a lungo termine dei depositi energetici. La plica tricipitale si rileva nel punto equidistante tra il processo acromiale e l'olecrano, la plica sottoscapolare lateralmente sotto l'angolo inferiore della scapola. La plica cutanea viene trattenuta tra il pollice e l'indice della mano sinistra dell'esaminatore senza includere il muscolo sottostante, mentre con la mano destra si stringe il compasso sulla plica. Questa tecnica non è invasiva ed è eseguibile con rapidità e semplicità; è necessario però che le misurazioni vengano effettuate da personale adeguatamente addestrato; per l'adulto e per il bambino la precisione e la riproducibilità della metodica vengono considerate accettabili, mentre per il lattante mancano dati di riferimento validati. I valori delle pliche tricipitale e sottoscapolare vengono utilizzati in apposite equazioni per calcolare la percentuale di massa grassa corporea totale.

La misura delle **circonferenze degli arti** (braccio, coscia, polpaccio) consente di valutare, in associazione con la plicometria, l'entità e la distribuzione del tessuto adiposo e muscolare. In età pediatrica la sede più utilizzata è il braccio (per convenzione il sinistro). Si segna un punto a metà distanza tra l'acromion scapolare e l'olecrano

Tabella 4.4 Principali tecniche di studio della composizione corporea

Antropometriche	Circonferenza degli arti Plicometria Idrodensitometria
Chimiche	Diluitometria con isotopi Dosaggio di metaboliti Analisi di attivazione neutronica
Per immagini	Tomografia computerizzata (TC) Risonanza magnetica nucleare (RMN) DEXA
Bioelettriche	Conduttività elettrica corporea totale (TOBEC) Analisi di impedenza bioelettrica (BIA)

ulnare con il braccio piegato ad angolo retto. Poi il braccio viene esteso lungo il fianco e utilizzando un metro a nastro simile a quello impiegato per la misurazione della circonferenza cranica si misura la circonferenza del braccio al livello segnato. La lettura va approssimata al millimetro. Dalla conoscenza della circonferenza del braccio (mid upper arm circumference o MUAC) e del valore della plica tricipitale (triceps skinfold o TSF), applicando apposite equazioni, è possibile calcolare l'area totale del braccio (total upper arm area o TUA), la circonferenza muscolare del braccio (arm muscle circumference o AMC), l'area muscolare del braccio (arm muscle area o AMA) e l'area adiposa del braccio (arm fat area o AFA) [7]. L'AMA può anche essere determinata con tecniche di immagine (ecografia, TC o RM) e, rispetto ad esse, la determinazione con tecnica antropometrica convenzionale sembra sovrastimare di circa il 7-8% il valore reale.

L'**idrodensitometria**, introdotta da Albert Behnke nel 1942, rappresenta il più vecchio metodo di valutazione di massa magra e tessuto adiposo, oggi ormai abbandonato nella pratica clinica. Prevede l'immersione completa del corpo nell'acqua al fine di conoscere il suo volume che, secondo il principio di Archimede, è pari al volume di acqua spostata dal corpo; dalla misura del volume viene determinata la densità corporea totale e da questa, applicando appropriate formule matematiche, si ricavavo la densità dei compartimenti magro e adiposo, che si assume essere costante, e quindi la percentuale di massa magra e massa grassa.

La misurazione del **potassio corporeo totale** per la determinazione della FFM e del tessuto adiposo si basa sul fatto che tale ione si trova per il 98% nella massa proteica cellulare. Il potassio corporeo totale viene determinato misurando la radioattività del ^{40}K che rappresenta lo 0,0118 % del potassio totale. Il soggetto viene collocato in una camera di scintillazione e viene registrato il numero di emissioni radioattive da ^{40}K in un periodo di 30-60 minuti: dalla quantità di ^{40}K presente viene calcolato il potassio corporeo totale. Tale tecnica consente di avere una stima della FFM e di ricavare la FM per sottrazione della prima dal peso corporeo totale; tuttavia la misurazione del potassio corporeo totale richiede strutture complesse e ciò fa sì che venga prevalentemente impiegata in ambito di ricerca.

La **diluizione isotopica** rappresenta un metodo di stima della TBW, da cui si può determinare la massa magra assumendo che la TBW sia una frazione relativamente costante di quest'ultima. Si somministra una quantità nota di acqua marcata con trizio, deuterio o ossigeno-18 (^{18}O) e si misura la diluizione dell'isotopo all'interno di un fluido corporeo (siero, urina, saliva), dopo un idoneo periodo di equilibrazione. Il dosaggio dell'isotopo viene effettuato con lo spettrometro di massa, uno strumento molto sofisticato e costoso; tale tecnica risulta quindi difficilmente impiegabile di routine e l'uso di traccianti radioattivi ne controindica l'uso in età pediatrica. Poiché nel bambino dopo i 5 anni di età la FFM presenta un grado di idratazione del 73%, conoscendo la TBW è possibile calcolare la FFM applicando la formula FFM = TBW/0,73 [8]. In età pediatrica tuttavia occorre applicare alle equazioni dell'adulto specifiche costanti di conversione che tengano conto del fatto che la composizione della FFM varia con l'età: nel bambino la FFM presenta una minor densità, un minor grado di mineralizzazione, un minor contenuto di potassio e un maggior grado di idratazione. La TBW si modifica con l'età: alla fine del primo trimestre di vita intrauterina la TBW rappresenta il 94% del peso corporeo, a 32 settimane si riduce all'80% per arrivare all'78% al momento della nascita; successivamente la riduzione della TBW continua fino a raggiungere circa il 60% del peso corporeo in età adulta [9]. Anche la FM va incontro a modificazioni durante la vita intra ed extra uterina: inizia a depositarsi nel feto dalla 26a settimana di età gestazionale, alla 28a rappresenta il 3% del peso corporeo, alla 40a il 15% e intorno ai 6 mesi di vita il 20% [10].

L'**analisi di attivazione neutronica** consiste nel rendere instabili gli atomi di un costituente dell'organismo irradiandolo con un flusso di neutroni rapidi e misurando poi il raggio gamma di energia caratteristico liberato quando l'isotopo ritorna spontaneamente allo stato stabile. Con tale tecnica si può calcolare ad esempio la massa ossea a partire dal calcio totale. In ambito pediatrico tale tecnica non è applicabile, vista l'irradiazione necessaria per l'esecuzione dell'esame.

Tra le tecniche per immagini vi è la **tomografia computerizzata** (TC), che consente di distinguere i diversi tessuti in base all'attenuazione di un fascio di raggi X inviato; tale attenuazione varia in base alla densità fisica dei tessuti. In pediatria l'utilizzo di tale metodica è limitato dalla dose elevata di radiazioni necessaria per l'esecuzione dell'esame. Un'altra tecnica per immagini di valutazione della composizione corporea è rappresentata dalla **risonanza magnetica nucleare** (RMN), che permette di misurare l'acqua corporea totale e di distinguere il tessuto adiposo dagli altri costituenti precisandone anche la distribuzione. Il limite pratico all'utilizzo di tale metodica è dato dall'esigua disponibilità e dall'alto costo dello strumento e dal fatto che il soggetto deve stare immobile durante l'esecuzione dell'esame, limitando di fatto l'applicazione solo al bambino molto collaborante.

Le metodiche di **assorbimento fotonico o a raggi X**, singolo o duale (*dual energy x-ray absorptiometry*, DEXA), si basano sul presupposto secondo cui il contenuto minerale di un tessuto è direttamente proporzionale alla quantità di energia fotonica assorbita dal tessuto stesso. L'assorbimento fotonico singolo consente di valutare il contenuto minerale dell'osso; quello duale permette invece di definire il contenuto minerale corporeo totale e la massa magra. I vantaggi di tali metodiche sono rappresentati dalla bassa dose di radiazioni impiegata, la relativa semplicità della strumentazione, la precisione e la riproducibilità; tuttavia richiedono molto tempo per l'esecuzione e alti costi.

La misura della **conduttività elettrica corporea totale** (*total body electrical conductivity*, TOBEC) si basa sul presupposto per cui l'organismo, posto in un campo elettromagnetico, modifica quest'ultimo e il grado di modificazione è funzione della quantità e della distribuzione degli elettroliti presenti nell'organismo. Poiché gli elettroliti risiedono esclusivamente nella massa magra tale metodica fornisce una stima di questo compartimento corporeo.

L'impedenziometria o **analisi di impedenza bioelettrica** (BIA) consente di definire in termini quantitativi e qualitativi i vari distretti corporei in base all'impedenza (Z) offerta dai tessuti al passaggio di una corrente elettrica alternata e a una determinata frequenza. Questo strumento permette di stimare il volume dei vari compartimenti corporei: il presupposto fisico è rappresentato dal fatto che in un conduttore biologico la corrente è trasmessa principalmente dagli ioni in ambiente acquoso e la quantità elettrica che può essere condotta è proporzionale al numero di ioni nell'unità di volume e, per estrapolazione, al volume del conduttore. Dal momento che la corrente elettrica è condotta dall'acqua, che è presente nella massa magra, con la BIA è possibile determinare lo stato di idratazione dei tessuti e stimare il compartimento magro; dalla misurazione della TBW applicando apposite equazioni matematiche è possibile poi stimare le dimensioni degli altri compartimenti corporei [11]. Questa modalità di utilizzo della BIA, basata sull'applicazione delle equazioni, prende il nome di BIA convenzionale; la sua applicazione nella clinica è però limitata, in quanto si incontrano difficoltà nell'estensione dell'uso delle equazioni in popolazioni diverse da quelle in cui l'equazione stessa è stata ricavata. Esiste poi la BIA vettoriale o BIVA, la quale si differenzia dalla BIA convenzionale perché si basa sulla misura diretta dell'impedenza corporea e definisce lo stato nutrizionale di un soggetto attraverso la costruzione di un vettore; offre quindi una valutazione della composizione corporea di tipo qualitativo. La BIA viene considerata un valido strumento di analisi della composizione corporea, in quanto permette di effettuare numerose misurazioni in modo rapido, sicuro, non invasivo ed economico, a differenza delle altre tecniche strumentali, che per il loro carattere di invasività incontrano limiti importanti di applicazione clinica [12]. Tuttavia, nel bambino in crescita, vista la variazione del contenuto corporeo di acqua con l'età, si ha un progressivo cambiamento dell'impedenza, che rende difficile la calibrazione del metodo [13–15].

4.6 Maturazione sessuale e scheletrica

La valutazione dello stato nutrizionale è poi completata dalla determinazione dello stadio dello sviluppo puberale (classificazione di Tanner) e dalla determinazione dell'età ossea mediante la radiografia della mano e del polso sinistro (atlante di Greulich e Pyle e metodo di Tanner o TW2).

4.7 Indici di laboratorio

Gli esami di laboratorio di base nella valutazione dello stato nutrizionale sono rappresentati dall'emocromo e dalle sieroproteine.

L'assenza di anemia permette di solito di escludere carenze importanti di ferro, folati e vitamina B12. La prealbumina, la proteina legante il retinolo e la transferrina riflettono variazioni a breve termine dello stato nutrizionale. La prealbumina, o transtiretina, proteina di trasporto di tiroxina e vitamina A, ha un'emivita è di 1,9 giorni; i suoi livelli, tuttavia, si modificano in presenza di infezioni, stati infiammatori, malattie epatiche o renali. La proteina legante il retinolo, deputata al trasporto della vitamina A, ha un'emivita di circa 12 ore e si modifica rapidamente in base alle variazioni dell'intake calorico e proteico; tuttavia, in caso di ipovitaminosi A si hanno alti livelli pur in presenza di un importante deficit proteico. La transferrina, con un'emivita di 8 giorni, consente anch'essa di valutare a breve termine lo stato nutrizionale. L'albumina è invece un indice poco sensibile dello stato nutrizionale poichè ha un'emivita di 10-21 giorni; i suoi livelli diminuiscono in caso di malnutrizione protratta e rappresentano un indicatore a lungo termine dello stato nutrizionale; inoltre i suoi livelli plasmatici diminuiscono quando sia il pool intravascolare che quello extravascolare sono ridotti a un terzo dei valori normali.

L'azotemia (mg/dl), che comprende sia la quota di azoto ureico (BUN) che di azoto non ureico, costituisce uno degli indici di stato nutrizionale: essa diminuisce in presenza di emodiluizione, ridotto apporto proteico, malassorbimento, insufficienza epatica, mentre aumenta in presenza di insufficienza renale o di aumentato catabolismo proteico.

I livelli sierici degli aminoacidi essenziali possono risultare inferiori ai livelli degli aminoacidi non essenziali e l'escrezione di 3-metil istidina risulta aumentata nel corso di stati di insufficienza proteica. Altre anomalie della deplezione proteica sono rappresentate da una diminuzione del livello di creatinina e dell'escrezione di idrossiprolina.

La concentrazione sierica di sodio risulta spesso diminuita negli stati di malnutrizione, come conseguenza di una diluizione dovuta all'aumento fisiologico dell'acqua corporea totale durante il digiuno; raramente si osservano valori inferiori a 133 mEq/l. L'effetto della diluizione si osserva anche su parametri ematologici quali ematocrito ed emoglobina.

Nella valutazione dello stato nutrizionale rientrano anche vitamine (vitamina A, B6, B12, C, D, E, K, riboflavina, tiamina, acido folico, biotina, niacina) e minerali (ferro, zinco, fosforo, calcio, magnesio, iodio, rame, selenio) [16].

Bibliografia

1. Mascarenhas MR, Zemel B, Stallings VA (1998) Nutritional assessment in pediatrics. Nutrition 14: 105-115
2. Baker JP, Detsky AS, Wesson DE et al (1982) Nutritional assessment: a comparison of clinical judgment and obiective measurements. N Engl J Med 306:969-972
3. Ogden CL, Kuczmarski RJ, Flegal KM et al (2002) Centers for Disease Control and Prevention 2000 growth charts for the United States: improvements to the 1977 National Center for Health Statistics version. Pediatrics 109:45-60
4. WHO Multicentre Growth Reference Study Group (2006) WHO Child Growth Standards based on length/height, weight and age. Acta Paediatr Suppl 450:76-85
5. Cacciari E, Milani S, Balsamo A et al (2006) Italian cross-sectional growth charts for height, weight and BMI (2 to 20 yr). J Endocrinol Invest 29:581-593
6. Heymsfield SB, Wang Z, Baumgartner RN, Ross R (1997) Human body composition: advances in models and methods. Annual Review of Nutrition 17:527-558
7. Gurney SM, Jelliffe DB (1973) Arm antropometry in nutritional assess: nomogram for rapid calculation of muscle circumference and cross-sectional area. Am J Clin Nutr 26:912
8. Wang ZM, Deuremberg P, Wang W et al (1999) Hydration of fat-free mass: review and critique of a classic body composition constant. Am J Clin Nutr 69:833-841
9. Fomon SJ, Haschke F, Ziegler EE, Nelson SE (1982) Body composition of reference children from birth to age 10 years. Am J Clin Nutr Suppl 35:1169-1175

10. De Curtis M, Rigo J (1998) Attualità sulla composizione corporea del neonato. Rivista Italiana di Pediatria 24:787-790
11. Lukaski HC, Johnson PE, Bolonchuk WW, Lykken GI (1985) Assessment of fat free mass using bioelectrical impedance measurements of the human body. Am J Clin Nutr 41:810-817
12. National Institutes of Health Technology Assessment Conference Statement. December 12-14, 1994 (1996) Bioelectrical impedance analysis in body composition measurement. Am J Clin Nutr 64:524S-532S
13. Savino F, Cresi F, Grasso G et al (2004) The Biagram vector: a graphical relation between reactance and phase angle measured by bioelectrical analysis in infants. Ann Nutr Metab 48(2):84-89
14. Savino F, Grasso G, Cresi F et al (2003) Bioelectrical impedance vector distribution in the first year of life. Nutrition 19(6):492-296
15. Gartner A (2003) Reference BIA data in neonates and young infants. Nutrition 19(6):558-559
16. Kleinman RE (2004) Pediatric nutrition handbook. Fifth Edition, American Academy of Pediatrics, MA, USA

La preparazione delle sacche nella realtà ospedaliera

5

M. Marengo

5.1
Premessa

La nutrizione artificiale, al pari della terapia farmacologica, rappresenta un intervento delicato e invasivo per il paziente, specie se infusa centralmente.

Per una corretta trasformazione in pratica di quanto prospettato nei fabbisogni, è necessaria una stretta collaborazione con la Farmacia per:

- i tempi e le modalità di richiesta,
- l'approvvigionamento dei substrati,
- l'allestimento e la consegna validata.

Questi tre momenti richiedono procedure consolidate per evitare errori di:

- prescrizione (unità di misura delle prescrizioni),
- prodotti non stabili per tutto il tempo dell'infusione,
- allestimenti non adeguati (personalizzato, standard, parzializzato).

5.2
Prescrizione

Le miscele di soluzioni adatte alla nutrizione parenterale (NP) sono dei preparati galenici che devono soddisfare ai requisiti previsti dalla Farmacopea Ufficiale XII° Ed (FU) [1] per quanto riguarda le soluzioni iniettabili per via endovenosa. Il preparato galenico è quindi un medicamento che il Farmacista allestisce, utilizzando prodotti presenti in commercio, secondo la ricetta del medico ("galenico magistrale"), se il Servizio di Farmacia del presidio dispone dei locali, del personale e delle attrezzature adeguate a soddisfare i requisiti delle Norme di Buona Preparazione della FU. In alternativa, la ricetta del medico può essere inoltrata dalla Farmacia a officine galeniche esterne (siano esse Ditte o Farmacie di altri Ospedali) che produrranno la formulazione richiesta. Vista la necessità in pediatria di formulazioni personalizzate queste due alternative sono le uniche in grado di soddisfare le richieste.

All'interno del team nutrizionale, quindi, il Farmacista di presidio dovrà predisporre tutto quanto attiene a una buona comunicazione con il medico, con il personale preparatore di Farmacia e fornire le informazioni al personale di Reparto che deve somministrare il preparato.

La prescrizione, in base ai fabbisogni del paziente, dovrà seguire questo schema:

Volume – espresso in millilitri – rappresenta il totale dei liquidi della soluzione, contenente tutti i nutrienti, eventualmente escluso della sola quota di liquido facente parte dell'emulsione lipidica se questa viene infusa in seconda via.

Glucosio – espresso in grammi

Aminoacidi – espressi in grammi

Sodio – in milliequivalenti (mEq)

Potassio – in mEq

Calcio – in mEq

Magnesio – in mEq

Cloro – in mEq

Fosforo – in millimoli (mmol) – vista la difficoltà a definire lo stato di ionizzazione dello ione fosfato a pH fisiologico in rapporto al fabbisogno, è preferibile usare questa unità univoca rispetto all'elemento fosforo.

Vitamine e oligoelementi – a parte alcune supplementazioni effettuate con singoli preparati, che quindi seguono le unità di misura proprie della molecola (es., vitamina C in milligrammi, zinco in micromoli, ecc.), dovendo ricorrere commercialmente a miscele di vitamine e di oligoelementi si ripartirà una quota di queste miscele in rapporto al peso o all'età del paziente secondo quanto indicato dai produttori. Soprattutto questi elementi della miscela possono risentire, per quanto riguarda la loro stabilità ed efficacia, degli aspetti organizzativi di ogni singola realtà.

Calcio e fosforo – questi due elementi sono talvolta espressi in milligrammi negli apporti orali, mentre nella pratica infusiva è bene considerarli in mEq. La conversione si effettua, per il calcio, secondo la formula: mg di calcio/20,04 = mEq di Ca; per il fosforo, secondo la formula: mg di fosforo/30,97 = mmol di P.

5.3 Personale e ambiente di lavorazione

Il personale adibito alla preparazione, pur sotto la costante supervisione del Farmacista, opera autonomamente nella preparazione di sacche che devono conservare tutte le specifiche dei prodotti originari utilizzati e cioè sterilità, apirogenicità e assenza delle particelle sospese, e quindi deve essere addestrato tramite corsi o tempi di tirocinio atti a insegnare le manualità necessarie.

Il personale opera in un ambiente che consente di mantenere tali le condizioni di preparazione con l'utilizzo di cappe a flusso laminare orizzontale (CLASSE 100 o A) inserite in un ambiente (secondo la FU) anch'esso mantenuto pulito da aria filtrata fino a una Classe 1000 o B.

Il Farmacista, seguendo uno schema di procedure scritte, esami di laboratorio sul contenuto delle sacche e sulla sterilità, tiene sotto controllo e assicura il processo e quindi la validità del prodotto.

Nel passaggio dalla ricetta ai volumi da prelevare per comporre la miscela è opportuno disporre di programmi di calcolo computerizzati, in modo da produrre direttamente etichette per le sacche e fogli di preparazione per il personale in formato stampa tali da eliminare errori di trascrizione.

Il farmacista deve predisporre dei controlli su ogni singola sacca (pesata e sperlatura), e controlli a campione nel ciclo di produzione (contenuto, sterilità), per garantire la qualità del prodotto. Di ogni sacca prodotta dovrà inoltre mantenere la rintracciabilità di ogni singolo componente (ditta, lotto e scadenza), come indicato in FU.

5.4 Materiali utilizzati

5.4.1 Contenitore

Vengono normalmente utilizzate delle sacche in materiale plastico che devono presentare diverse caratteristiche: sacche in etil-vinil acetato (EVA) da tubolare, trasparente, goffrata per facilitare il distacco delle pareti interne, sterili, apirogene, atossiche, prive di particelle visibili. Se queste sacche sono riempite manualmente, travasando dei flaconi, devono avere un sistema di riempimento a tre vie in EVA (ognuna clampabile), dotate di perforatori protetti con cappuccio e muniti di filtro antibatterico.

È preferibile che sulla linea di passaggio dei fluidi sia presente un filtro (diametro pori max 50 micron). Si consiglia di preferire contenitori con tappo perforabile per tutte le soluzioni e gli elettroliti, tuttavia, eventuali frustoli di gomma dei tappi stessi oppure eventuali schegge di vetro, se si usano fiale, possono essere così trattenute da questo filtro.

Deve essere presente un punto di iniezione, per aggiunta di componenti a sacca finita, con capsula di protezione e tappo perforabile.

Le sacche devono essere confezionate in busta singola su cui devono essere riportati:

- marchio CE
- numero del lotto
- data di scadenza
- metodo di sterilizzazione

5.4.2
Soluzioni di base utilizzate per le miscele nutrizionali

Si utilizzano soluzioni prodotte commercialmente in forma più o meno concentrata tale da poter raggiungere, una volta mescolate e diluite con le altre, la concentrazione idonea alla somministrazione.

5.4.2.1
Glucosio

È la fonte primaria, assieme ai lipidi, delle calorie (produce 3,7 kcal/g); per le preparazioni si utilizzano soluzioni concentrate dal 20 fino al 50%.

Benché esista in commercio una soluzione di glucosio al 70% in flacone, la sua densità ne rende difficoltoso il travaso o comunque il prelievo e la conservazione, specie nei climi freddi, può dare origine a formazione di cristalli.

La quantità di glucosio necessario per apportare le calorie richieste e il volume di liquido da perfondere determinano la concentrazione finale del glucosio espressa come percentuale di glucosio. Tale carico di glucosio va raggiunto progressivamente in più giornate, che possono variare da 10-15 giorni per i neonati o i cardiopatici, ai 5-6 giorni per i bambini. In pratica, nel volume indicato in ricetta si introduce glucosio fino a una concentrazione del 10 % per 1-2 giorni, per poi salire al 15% per 1-2 giorni e quindi al 20% per poi proseguire così o con lievi aggiustamenti nei giorni a seguire. Se si può infondere la quota dei liquidi previsti dalle linee guida ESPGHAN [2], in genere una concentrazione di glucosio del 22-24 % di glucosio soddisfa le richieste caloriche del paziente.

Qualora la NP debba essere sospesa è bene seguire uno schema simile ma a scalare di concentrazione di glucosio in diverse giornate per riabituare l'organismo ad assumere il cibo. È da evitare, anche per brevi periodi (per esami, visite, ecc.), la brusca sospensione di una terapia di glucosio a elevate concentrazioni, poiché il paziente avrebbe una rapida ipoglicemia con sbalzi di pressione.

Problemi

Il glucosio determina con la sua concentrazione gran parte del carico osmolare, che va quindi attentamente valutato in caso di preparazioni per uso periferico (Tabella 5.1).

Tabella 5.1 Caratteristiche soluzioni di glucosio

Concentrazione	5%	10%	15%	20%	25%	50%
Osmolarità (mOsm/l)	278	556	834	1110	1390	2780
Calorie (kcal/l)	185	370	555	740	925	1850

L'importante carico osmolare portato dal glucosio, sommato poi a quello degli elettroliti, non deve far superare all'intera soluzione una osmolarità di 1800-2000 mOsm/litro. Anche per via centrale si può verificare un danno tessutale dovuto alla eccessiva concentrazione del glucosio e al catetere mal posizionato. Nella pratica una concentrazione di glucosio nella miscela superiore al 25% deve far porre molta attenzione al carico osmotico totale.

5.4.2.2
Lipidi

Le emulsioni lipidiche in commercio sono una dispersione olio in acqua e presentano un contenuto del 10-20-30% di lipidi sul volume totale (Tabella 5.2) [3]. Sono utilizzate per integrare le calorie del glucosio e per fornire quella quota di lipidi essenziali (acido linoleico e linolenico) alla corretta funzionalità delle membrane cellulari. La percentuale della quota calorica lipidica sulle calorie totali può variare secondo le necessità e la patologia del paziente.

Tabella 5.2 Caratteristiche emulsioni liquide

Concentrazione	10%	20%	30%
Osmolarità (mOsm/l)	290-320	350-380	310
Calorie (kcal/l)	1100	2000	3000

Le emulsioni possono essere somministrate per endovena, poiché il diametro delle goccioline di olio è intorno ai 0,2 micron [4]. L'accrescimento, tramite aggregazione tra due o più microgoccioline, per formarne di più grosse è favorito dalla presenza di elettroliti (cationi bi-trivalenti) che avvicinano le sfere oleose, cariche negativamente, attraendole e avvicinandole con le due o più cariche positive degli ioni (calcio, magnesio) [5]. L'unione successiva in agglomerati più grossi può portare al "creaming", ancora ridisperdibile per agitazione, ma che introduce alla definitiva separazione tra olio e acqua.

Poiché in pediatria la concentrazione degli ioni è, in rapporto al volume, percentualmente più elevata che nell'adulto, la pratica, molto diffusa, di miscelare i lipidi al resto delle soluzioni, dando luogo alle cosiddette sacche "all in one" o ternarie, potrebbe portare a destabilizzare l'emulsione lipidica con conseguente rischio per il paziente.

Oltre che dalla tipologia e dalla quantità degli ioni presenti, la stabilità dipende dal pH, dalla temperatura, nonché da caratteristiche intrinseche alla miscela, come il diametro delle goccioline lipidiche, la differenza di densità del mezzo acquoso, il tempo di stazionamento senza agitazione, che sono fattori difficilmente prevedibili nelle miscele personalizzate e che ci ha portato a scegliere di non miscelare i lipidi con la parte acquosa della NP.

I lipidi, inoltre, non permettono, a sacca finita, la visione del contenuto della sacca tale da poter valutare la presenza di corpi estranei (frustoli di gomma dei tappi dei flaconi, precipitati, ecc.) non conformi a una preparazione endovenosa.

La composizione dei lipidi presenti può variare da un prodotto commerciale all'altro a seconda del materiale di partenza utilizzato (olio di soia, olio d'oliva), ma sono costituiti in genere solo da lipidi a lunga catena. Ci sono anche prodotti che presentano miscele di acidi grassi sia a lunga catena (LCT) che a media catena (MCT) in una percentuale di 50%/50%. In età pediatrica, a causa del meccanismo (carnitino dipendente) di trasporto dei lipidi LCT attraverso le membrane, non sviluppato nel neonato, sembra che gli MCT possano dare apporti migliori non necessitando di questo carrier [6].

Le emulsioni lipidiche commerciali sono apportatrici anche di vitamina E (100 mg/l) e vitamina K (tracce), nonché fosforo (15 mmol/l).

I lipidi forniscono un apporto di 9 kcal/g, ma nel prospetto (Tabella 5.2) vengono riportati i dati delle ditte i quali tengono conto anche dei fosfolipidi [3].

Problemi
Le emulsioni lipidiche sono incompatibili con l'eparina [7] (Tabella 5.3).

5.4.2.3 Aminoacidi

Le soluzioni aminoacidiche commerciali sono miscele di aminoacidi (AA) cristallini in soluzione acquosa che possono variare tra loro per il contenuto qualitativo e quantitativo dei vari aminoacidi. Ci sono numerose soluzioni con un contenuto di aminoacidi di 8,5-10-15%, espresso come grammi di AA/volume, che presentano una composizione idonea a un impiego generale.

La loro composizione qualitativa, ottimizzata negli anni, porta ad avere:

- un rapporto adeguato (circa 3) tra grammi di AA essenziali/grammi di azoto totale
- rapporto g AA/ g azoto totale = 6-7
- i tre AA ramificati (ILEU-LEU-VAL) devono rappresentare il 20-30 % del totale degli AA.

Queste soluzioni possono soddisfare il fabbisogno dell'adulto o del bambino oltre i due anni, quando i processi enzimatico/metabolici sono completi, ma in età neonatale si necessita di soluzioni che contengano anche AA non essenziali in età adulta quali: cisteina/cistina, glicina, arginina, tirosina, taurina, istidina, che presentano, inoltre, una scarsa solubilità, quindi possono essere presenti solo in piccola quantità, e l'eccessiva presenza degli altri AA sposta l'equilibrio verso una diminuzione ulteriore della solubilità, tanto è vero che la soluzione (TPH060 – Baxter) che contiene anche questi aminoacidi, essenziali per il neonato, ha una concentrazione totale di AA del 6% (Tabella 5.4).

Ci sono poi soluzioni contenenti solo i tre aminoacidi a catena ramificata (ILEU-LEU-VAL) in una concentrazione che, per problemi di solubilità, non supera il 4% (eventuale precipitato può essere ridisciolto tramite riscaldamento a bagnomaria per

Tabella 5.3 Emulsioni lipidiche

Prodotto	Ditta	Osmolarità	Contenuto di Olio di soia	Olio di oliva	MCT	Altri
Intralipid 20% o 10%	Fresenius Kabi	260 mOsm/l	100%			
Lipofundin S 20% o 10%	Braun	350-380 mOsm/l	100%			
Clinoleic 20%	Baxter	270 mOsm/l	20%	80%		
Lipofundin MCT/LCT 20% o 10%	Braun	350-380 mOsm/l	50%		50%	
SMOFlipid 20%	Fresenius Kabi	380 mOsm/l	30%	25%	30%	15% olio di pesce
Omegaven 10%	Fresenius Kabi	308-376 mOsm/l				100% olio di pesce
Structolipid 20%	Fresenius Kabi	350 mOsm/l				64% LCT - 36% MCT in trigliceridi strutturati derivati da oli di cocco, palma e soia

MCT, acidi grassi a media catena; *LCT*, acidi grassi a lunga catena

Tabella 5.4 Aminoacidi nelle soluzioni commerciali

Essenziali	Non-essenziali	Semi-essenziali
Istidina	Alanina	Arginina
Isoleucina	Acido aspartico	Cisteina
Leucina	Asparagina	Glicina
Lisina	Acido glutammico	Prolina
Metionina	Glutamina	Tirosina
Fenilalanina	Serina	Taurina
Treonina	-	-
Triptofano	-	-
Valina	-	-

alcuni minuti), utilizzata solo nei casi di coma epatico. Altre miscele all'8% e 5,4% hanno caratteristiche ibride, la prima presenta tutti gli AA essenziali ma è arricchita di ramificati, mentre la seconda contiene gli essenziali e gli aromatici (TYR-PHE-MET-TRP), e sono utilizzate rispetivamente nell'insufficienza epatica e renale.

Le calorie, 4 kcal/g di AA, secondo le linee guida ESPGHAN [2], sono comprese nel fabbisogno calorico del bambino, anche se in realtà l'utilizzo degli aminoacidi deve positivizzare il bilancio azotato per favorire la crescita e lo sviluppo del bambino.

Da alcuni anni si va affermando l'uso di miscele aminoacidiche contenenti o additivate di glutamina, che non è un AA essenziale, ma è un substrato per le cellule intestinali e può aiutare la ripresa post alimentazione parenterale. La glutamina è fornita come dipeptide dal N(2)-L-alanil-L-glutamina, poiché in soluzione sarebbe subito degradata. La proporzione di aminoacidi apportati con questa soluzione non deve superare il 20 % dell'apporto totale di aminoacidi [8].

Problemi

Le soluzioni commerciali possono contenere anche quote di elettroliti (sodio, cloro, fosfati). Se presenti, vanno conteggiati negli apporti totali, anche se sarebbe meglio evitare soluzioni contenenti fosfati, poiché essendo il fosforo presente di origine inorganica, potrebbe precipitare in presenza di calcio (Tabella 5.5).

5.4.2.4 Elettroliti

Gli elettroliti che concorrono al bilancio idroelettrolitico sono: sodio, potassio, calcio, magnesio, cloro e fosforo.

Sodio – In genere si utilizza sodio cloruro poiché non ha incompatibilità, apporta

Tabella 5.5 Soluzioni aminoacidiche

Prodotto	Ditta	Osmolarità	Contenuto di				
			Taurina	Cisteina	Tirosina	Arginina	Prolina
TPH	Baxter		0,15 g/l	0,2 g/l	1,4 g/l	7,3 g/l	4,1 g/l
Alcuni esempi di soluzioni utilizzabili per bambini oltre i 2 anni di età							
Isopuramin 10%	Bieffe Medital	949 mosm/l	— g/l	0,14 g/l	0,3 g/l	11,7 g/l	— g/l
Parentamin 10%	Fresenius Kabi	950 mosm/l	— g/l	— g/l	0,7 g/l	4,7 g/l	19,9 g/l
Aminoven 15%	Fresenius Kabi	1505 mosm/l	2 g/l	— g/l	0,4 g/l	20 g/l	17 g/l

cloro ed è presente in commercio sotto forma di soluzioni concentrate da 2-3 mEq/ml. Se si deve aggiungere solo lo ione sodio è possibile farlo con le fiale di sodio lattato da 2 mEq/ml. Questa alternativa, oltre a non apportare cloro, fornisce anche un substrato precursore del bicarbonato, utile in caso di acidosi ipercloremica.

Potassio – In genere si utilizza il potassio cloruro presente in soluzioni da 2-3 mEq/ml, ma se necessitasse l'aggiunta solo di potassio sono disponibili delle fiale o flaconi di potassio aspartato da 1-3 mEq/ml. Questo permette di svincolare le aggiunte di sodio e potasssio dalla contemporanea aggiunta di cloro, che sarebbe quindi eccessivo rispetto ai fabbisogni, e porterebbe a un'acidosi nel paziente.

Calcio – Per introdurre calcio si usa il calcio gluconato, presente in fiale o flaconi al 6-10%, con un contenuto di ioni calcio rispettivamente di 0,268 e 0,446 mEq/ml. Questo sale organico presenta una scarsa dissociazione e quindi una scarsa tendenza a reagire con gli ioni fosfato o solfato presenti in soluzione e derivanti dalle altre soluzioni, che tuttavia non mette al riparo dalla possibilità di un precipitato di calcio carbonato in presenza di ioni bicarbonato eventualmente aggiunti alla miscela, quindi è tassativo non aggiungere lo ione bicarbonato a una NP.

La possibile formazione di precipitati ci deve far riflettere sulla possibile aggiunta dei lipidi nella stessa sacca a formare miscele ternarie, anche dette "all-in-one" o tutto-in-uno, che potrebbero nascondere la presenza dei microcristalli. Lo ione calcio (assieme al magnesio) essendo bivalente concorre, nel caso di miscele con i lipidi, alla destabilizzazione dell'emulsione lipidica provocando la coalescenza delle gocce di grasso.

Magnesio – Il sale comunemente usato è il solfato di magnesio in soluzione acquosa, generalmente presente in commercio in fiale alla concentrazione del 10%, pari a 0,811 mEq/ml. Ai fini della preparazione si utilizza l'unità del mEq come espressione della concentrazione. Ad esempio, se si utilizzza una fiala da 10 ml di magnesio solfato al 10% per aggiungere magnesio a una soluzione questa conterrà 1 g (1000 mg di magnesio solfato) pari a :

$$\text{mEq (Mg)} = \frac{\text{mg } 1000}{\dfrac{\text{Peso Molecolare (Mg solfato.7 idrato)} \rightarrow 246.47}{\text{Valenza del magnesio} \rightarrow 2}} = 8{,}11 \text{ mEq/10 ml}$$

Tale valore viene riportato anche sulle confezioni: Mg 0,811 solfato 0,811 mEq/ml. Questo vale quindi anche per tutte le altre soluzioni utilizzabili. Alle concentrazioni richieste per una preparazione nutrizionale, se si utilizza il calcio gluconato non si incorre nel precipitato di calcio solfato.

Cloro – Il cloro deriva già dalle formulazioni contenenti sodio e potassio. Qualora fosse necessario aggiungere ulteriore ione cloro si può utilizzare fiale di lisina cloruro, presenti in commercio alla concentrazione di 1 mEq/ml.

Fosforo – Per soddisfare il fabbisogno di fosforo l'unica scelta è il fruttosio 1,6 difosfato. Anche questo è un sale organico poco dissociato, che rende poco disponibili i fosfati a formare un precipitato di fosfato di calcio. Il contenuto è di 0,47 mmol/ml di P e di 0,47 mEq/ml di sodio.

I sali inorganici, come il fosfato di potassio, renderebbero critica la soluzione a

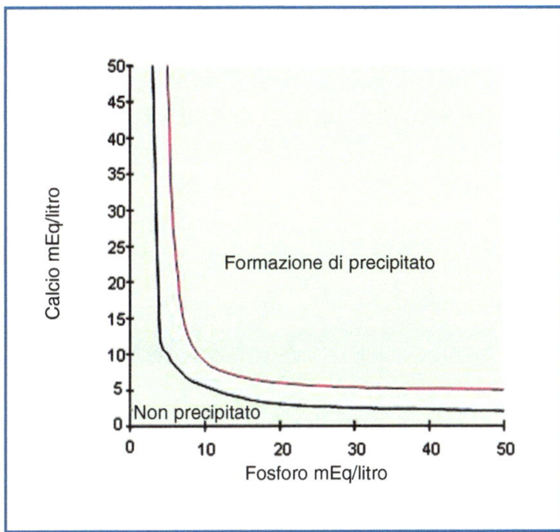

Fig. 5.1 Concentrazioni al di sotto della linea blu sono compatibili senza formazione di precipitato; al disopra della linea rossa si ha formazione di precipitato; mentre concentrazioni che ricadono tra le due curve hanno una possibilità di formarlo se le condizioni di pH e temperatura lo favoriscono

rischio di precipitazione di fosfato di calcio, specie in età pediatrica dove l'apporto di questi ioni è elevato (Fig. 5.1).

5.4.2.5
Oligoelementi

Rame, cromo, manganese e zinco sono i quattro oligoelementi più importanti e per questo essenziali ai fini della nutrizione. A questi vanno aggiunti lo iodio, il molibdeno, il selenio e il ferro. Questi micronutrienti sono coinvolti in molti processi metabolici, in molte attività enzimatiche e in molte reazioni immunologiche.

Questi ioni metallici tendono a interagire con le vitamine con processi ossidoriduttivi. Dovendo somministrare entrambi si consiglia quindi di infondere oligoelementi e vitamine a giorni alterni oppure infondere per via diversa le vitamine. Le soluzioni di oligoelementi vanno sempre diluite in un volume adeguato. A differenza delle vitamine, possono essere addizionati alla sacca anche se questa viene poi conservata, per tempi ragionevoli, in frigo.

Da tempo è disponibile una miscela con i 4 oligoelementi principali in flaconcini da 10 ml (Tabella 5.6). L'apporto consigliato di questa soluzione è di 0,1 ml/kg fino a un massimo di 4 ml. Sono disponibili anche flaconcini per ogni singolo metallo con ugual concentrazione al fine di poter meglio dosare gli apporti, oppure, nel caso di NP prolungate, per evitare accumuli per via biliare (cromo e rame). Alcuni le consigliano, specie se si evidenzia la presenza di metalli, tra questi il cromo, come contaminanti delle soluzioni base utilizzate. Sono disponibili anche miscele più complesse come il Peditrace® (Tabelle 5.7 e 5.8):

Tabella 5.6 Composizione oligoelementi multipli

Principio attivo	Quantità contenuta in 1 ml	
Cloruro di zinco $7H_2O$	4,4 mg pari a	Zn 1 mg/ml
Cloruro di rame $5H_2O$	1,57 mg	Cu 0,4 mg/ml
Cloruro di cromo $6H_2O$	20,5 µg	Cr 4 µg/ml
Cloruro di manganese H_2O	0,308 mg	Mn 0,1 mg/ml

Tabella 5.7 Contenuto di Peditrace® in 1 ml

Sostanza attiva	Quantità
Cloruro di zinco	µg 521
Cloruro di rame $2H_2O$	µg 53,7
Cloruro di manganese $4H_2O$	µg 3,60
Selenito di sodio $5H_2O$	µg 6,66
Fluoruro di sodio	µg 126
Ioduro di potassio	µg 1,31

Tabella 5.8 Sostanza attiva

La sostanza attiva contenuta in 1 ml di Peditrace® corrisponde a:		
Zn	µg 250	µmol 3,82
Cu	µg 20	µmol 0,315
Mn	µg 1	nmol 18,2
Se	µg 2	nmol 25,3
F	µg 57	µmol 3,00
I	µg 1	nmol 7,88

Si consiglia un apporto di 1 ml/pro kilo, fino a un massimo di 15 kg. Per pazienti di peso superiore è possibile utilizzare un'altra miscela di oligoelementi: l'Addamel N® (Tabella 5.9). L'intero flacone da 10 ml rappresenta l'apporto ideale per un adulto, ma dovendolo frazionare, per soddisfare pazienti con peso minore, si può proporre 3,4 ml per un paziente da 10 kg con incrementi di 0,1 ml/kg.

5.4.2.6
Vitamine

In genere sono addizionate alla miscela poco prima di iniziare l'infusione. La vitamina A, infatti, si riduce drasticamente nel giro di poche ore se la sacca non è protetta dalla

Tabella 5.9 Composizione Addamel®

Principio attivo	Contenuto per ogni ml
Cloruro di cromo $6H_2O$	5,33 µg corrisponde a Cr 0,02 µmol
Cloruro di rame $2H_2O$	0,34 mg corrisponde a Cu 2 µmol
Cloruro di ferro $6H_2O$	0,54 mg corrisponde a Fe 2 µmol
Cloruro di manganese $4H_2O$	99,0 µg corrisponde a Mn 0,5 µmol
Ioduro di potassio	16,6 µg corrisponde a I 0,1 µmol
Fluoruro di sodio	0,21 mg corrisponde a F 5 µmol
Sodio molibdato $2H_2O$	4,85 µg corrisponde a Mo 0,02 µmol
Selenito di sodio $5H_2O$	10,5 µg corrisponde a Se 0,04 µmol
Cloruro di zinco	1,36 mg corrisponde a Zn 10 µmol

luce. La vitamina C, invece, risente dell'ossigeno e si degrada altrettanto rapidamente. Le vitamine in genere possono alterarsi anche a causa del pH, del calore, del contatto con i materiali della sacca e in particolar modo in presenza di oligoelementi [9].

I prodotti autorizzati per l'aggiunta in miscele così complesse disponibili in commercio non sono molti e comunque non completamente soddisfacenti l'apporto di vitamine in età pediatrica. Una miscela è il VITALIPID® con una composizione per ogni ml riportata in Tabella 5.10. Contiene solo le vitamine liposolubili; in particolare Vitalipid Adulti® è adatto per adulti e bambini di età pari o superiore ad 11 anni, mentre Vitalipid Bambini® è raccomandato per età inferiori. I dosaggi consigliati sono 1 fiala (10 ml) di Vitalipid Adulti® al giorno per adulti e bambini di età pari o superiore ad 11 anni. Per bambini di età inferiore ad 11 anni: 4 ml/kg di peso corporeo e per giorno di Vitalipid Bambini®, per bambini nati prima del termine e sotto peso alla nascita fino a 2,5 kg di peso corporeo; 10 ml al giorno per tutti i bambini di peso superiore ai 2,5 kg e fino a 11 anni di età. Il composto va diluito in emulsioni lipidiche prive di elettroliti e infuso per via endovenosa.

Tabella 5.10 Composizione di VITALIPID®

Principi attivi	Adulti	Bambini
Retinolo palmitato pari a retinolo	mcg 99 (330 UI)	mcg 69 (230 UI)
Ergocalciferolo	mcg 0,5 (20 UI)	mcg 1,0 (40 UI)
dl-alfa-tocoferolo	mg 0,91 (1 UI)	mg 0,64 (0,7 UI)
Fitomenadione	mcg 15	mcg 20

Per apportare le vitamine idrosolubili è disponibile la specialità SOLUVIT®. Un flaconcino contiene:

- tiamina mononitrato (3,1 mg) pari a tiamina 2,5 mg;
- riboflavina sodiofosfato (4,9 mg) pari a riboflavina 3,6 mg;

- nicotinamide 40 mg;
- piridossina cloridrato (4,9 mg) pari a piridossina 4,0 mg;
- sodio pantotenato (16,5 mg) pari a acido pantotenico 15,0 mg;
- sodio ascorbato (113 mg) pari ad acido ascorbico 100 mg;
- biotina 60 mcg;
- acido folico 0,4 mg;
- cianocobalamina 5,0 mcg.

Il liofilo può essere ricostituito con 10 ml di emulsioni lipidiche, acqua o glucosata, e quindi ulteriormente diluito per l'infusione. Il contenuto di un flaconcino di SOLUVIT® da 10 ml costituisce la quantità giornaliera necessaria per adulti e per bambini di peso corporeo superiore a 10 kg. I bambini di peso inferiore ai 10 kg dovrebbero ricevere 1/10 del contenuto del flaconcino per ogni kg di peso corporeo.

Una miscela completa di vitamine idro e liposolubili è il CERNEVIT® (Tabella 5.11). Il flaconcino liofilo và ricostituito con 5 ml di acqua. L'intero contenuto è in grado di soddisfare l'apporto di vitamine per bambini dagli 11 anni fino all'adulto. Può essere miscelato con le miscele per NP sia binarie che ternarie, salvo e previa verifica della stabilità di ogni miscela. Volendo utilizzarlo anche in pazienti sotto 11 anni uno schema, per quanto carente di alcuni apporti, specie vitamina A e D, potrebbe essere quello riportato in Tabella 5.12.

Tabella 5.11 Composizione di CERNEVIT®

Principi attivi	mg
Retinolo palmitato soluzione concentrata (corrispondenti a 3500 U.I. di vitamina A)	2,0600
Colecalciferolo (corrispondenti a 220 U.I. di vitamina D)	0,0055
dl-alfa-tocoferolo (corrispondenti a 11,20 U.I. di vitamina E)	10,200
Acido ascorbico (vitamina C)	125,00
Cocarbossilasi tetraidrato (corrispondenti a 3,51 mg di vitamina B1)	5,800
Riboflavina diidrata fosfato sodico (corrispondente a 4,14 mg di vitamina B2)	5,670
Piridossina cloridrato (corrispondenti a 4,53 mg di vitamina B6)	5,500
Cianocobalamina (vitamina B12)	0,006
Acido folico	0,414
Dexpantenolo (corrispondenti a 17,25 mg di acido pantotenico)	16,150
Biotina	0,069
Nicotinammide (vitamina PP)	46,000

Tabella 5.12 Ipotesi di utilizzo frazionato del CERNEVIT®

Anni 0 - 1	2 ml
Anni 1 - 5	3 ml
Anni 5 - 11	4 ml
Adulti	5 ml

5.5 Aggiunte di farmaci

L'aggiunta di farmaci, vista la complessità della miscela, è generalmente sconsigliata per le possibili interazioni tra molecole che possono inattivare il farmaco e renderne vana l'aggiunta o, peggio, formare precipitati. A causa della diversità di ogni sacca, è difficile prevederne la compatibilità, anche se il farmaco è stato testato in situazioni simili.

In pediatria la via della NP viene utilizzata anche quale via di accesso per veicolare altri farmaci. Se il deflussore viene utilizzato per infusioni di altri medicamenti, interrompendo la nutrizione, và debitamente lavato per evitare precipitati. È inoltre da ricordare che l'improvvisa sospensione di una nutrizione al alto tenore di glucosio può dare un'ipoglicemia da rimbalzo con effetti ipotensivi.

Alcuni farmaci sono storicamente aggiunti per vari scopi: insulina per migliorare l'utilizzo del glucosio, talvolta veicolata con albumina. A tal proposito, l'uso dell'albumina non è giustificato, mentre per l'insulina, solo nei casi diabetici, è necessaria. L'eparina per migliorare la cura del catetere non è necessaria, e nel caso di "all-in-one" agisce da destabilizzante l'emulsione lipidica poiché portatrice di una carica positiva che tende ad abbassare il potenziale di membrana delle gocce lipiche. Antibiotici vari, ranitidina, carnitina e altri farmaci sono stati testati in diverse composizioni. L'accostamento alle miscele descritte in letteratura lascia sempre un margine di approssimazione che deve essere valutato prima di aggiungerli alle NP [10].

5.6 Sequenze operative

5.6.1 Miscelazione

Per evitare le possibili incompatibilità tra i costituenti si devono mescolare i sali e le soluzioni secondo una sequenza consigliata.

Nel flacone/i di glucosio contenenti l'opportuno volume si introduca il calcio gluconato.

Nel flacone/i degli aminoacidi si introduca il sale organico di fosforo.

Gli altri elettroliti possono essere introdotti indifferentemente nei vari flaconi, acqua compresa, purché siano poi sempre travasati completamente. Eventuali flaconi di glucosio, aminoacidi e acqua che vengano utilizzati solo in parte non vanno addizionati con elettroliti.

Nelle emulsioni lipidiche, qualora si proceda al travaso finale in sacca, non va addizionato niente.

I flaconi di glucosio e di aminoacidi rispettivamente contenenti calcio e fosforo vanno introdotti nella sacca per ultimi, in modo da diluire subito il loro contenuto.

Se si preparano miscele contenenti i lipidi, questi vanno addizionati alla fine.

Gli oligoelementi possono essere aggiunti durante la preparazione della sacca, poiché relativamente stabili, mentre le vitamine debbono essere aggiunte poco prima dell'utilizzo tramite il punto di iniezione con gommino previsto sulla sacca.

5.6.2 Calcoli e mezzi di riempimento

Il medico, valutati gli apporti nutrizionali, procede a stilare la composizione della sacca per NP esprimendo:

- volume totale ml
- glucosio g
- aminoacidi g
- sodio mEq
- potassio mEq
- calcio mEq
- magnesio mEq
- cloro mEq
- fosforo mmol
- polivitaminico ml (a seconda della miscela in uso)
- oligoelementi ml
- lipidi al 10%-20%-30% ml

Se la ricetta viene elaborata per un procedimento di riempimento manuale si può elaborare un foglio di lavoro che mi esprime già le quantità dei componenti per raggiungere lo scopo (Fig. 5.2). In questo caso, applicando le sequenze di miscelazione sopra enunciate, i liquidi possono essere prelevati e travasati per caduta nella sacca (Fig. 5.3).

Qualora si debbano preparare diverse sacche molto piccole dove anche glucosio, aminoacidi e acqua sono aggiunti in piccole quantità, sono disponibili dei set con tre vie di carico dispensate a siringa per i tre macronutrienti.

Dovendo produrre una notevole quantità di sacche per NP si può utilizzare un sistema automatizzato, che però deve soddisfare alcuni requisiti per risultare competitivo, sia in velocità che in praticità, con il sistema manuale. Deve avere un elevato numero di linee di riempimento per poter disporre di una gamma di soluzioni più ampia (es., più di una miscela di aminoacidi, più di una concentrazione di uno stesso elettrolita); essere veloce nell'esecuzione della preparazione; essere preciso (almeno 0,1 ml per gli elettroliti); agire a circuito chiuso dai flaconi alla sacca (Fig. 5.4).

Se tutto questo in linea di massima sul mercato è disponibile e soddisfa le composizioni per adulti, per le sacche pediatriche ci sono problemi ulteriori legati al "minimo dispensabile" e cioè a quella quota minima di liquidi per ogni linea che lo strumento è in grado di dispensare con la dovuta precisione; in taluni casi infatti bisogna dispensare anche solo 0,5 ml (Fig. 5.5) [11]. Questi problemi si risolvono o parzializzando le aggiunte (sotto certi volumi sono aggiunti a mano), oppure usando soluzioni molto diluite di elettroliti (nelle sacche piccole sono aggiunti in piccola quantità) e

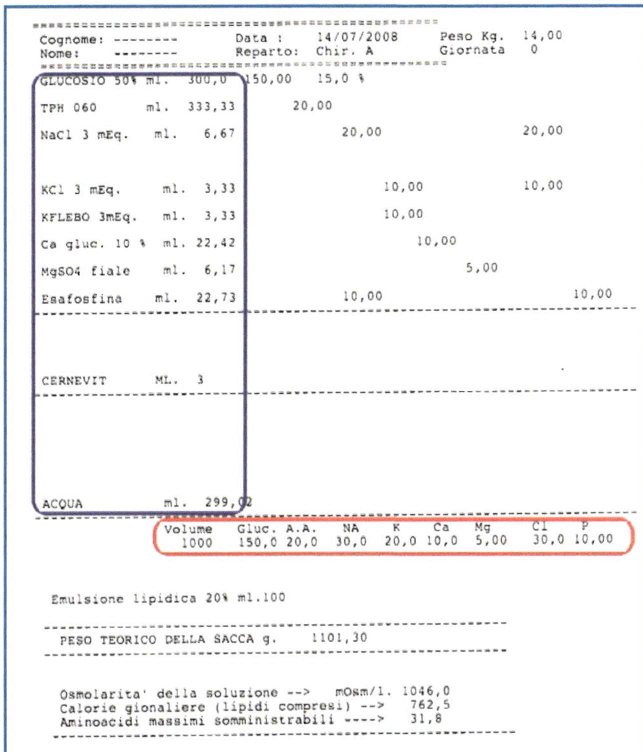

Cognome: --------   Data : 14/07/2008   Peso Kg. 14,00
Nome: --------   Reparto: Chir. A   Giornata 0

Componente		Quantità	Gluc.	A.A.	NA	K	Ca	Mg	Cl	P
GLUCOSIO 50%	ml.	300,0	150,00	15,0 %						
TPH 060	ml.	333,33		20,00						
NaCl 3 mEq.	ml.	6,67			20,00				20,00	
KCl 3 mEq.	ml.	3,33				10,00			10,00	
KFLEBO 3mEq.	ml.	3,33				10,00				
Ca gluc. 10 %	ml.	22,42					10,00			
MgSO4 fiale	ml.	6,17						5,00		
Esafosfina	ml.	22,73			10,00					10,00
CERNEVIT	ML.	3								
ACQUA	ml.	299,02								

Volume	Gluc.	A.A.	NA	K	Ca	Mg	Cl	P
1000	150,0	20,0	30,0	20,0	10,0	5,00	30,0	10,00

Emulsione lipidica 20% ml.100

PESO TEORICO DELLA SACCA g. 1101,30

Osmolarita' della soluzione --> mOsm/l. 1046,0
Calorie gionaliere (lipidi compresi) --> 762,5
Aminoacidi massimi somministrabili ----> 31,8

Fig. 5.2 A fronte di una composizione di sacca richiesta (riquadro rosso), si può allestire una mescolanza di soluzioni come da riquadro blu

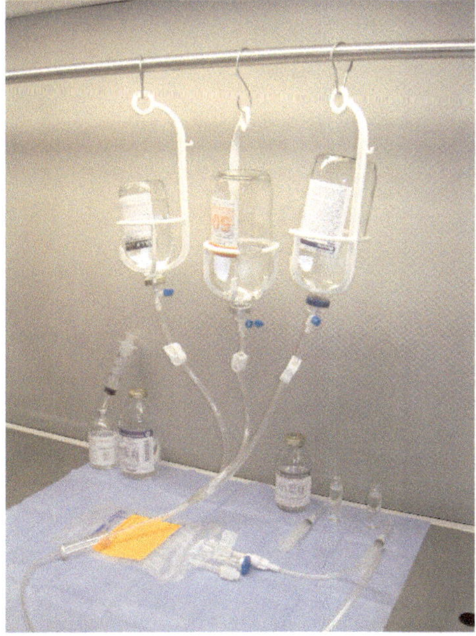

Fig. 5.3 Prelevamento dei liquidi da flaconi addizionati di elettroliti

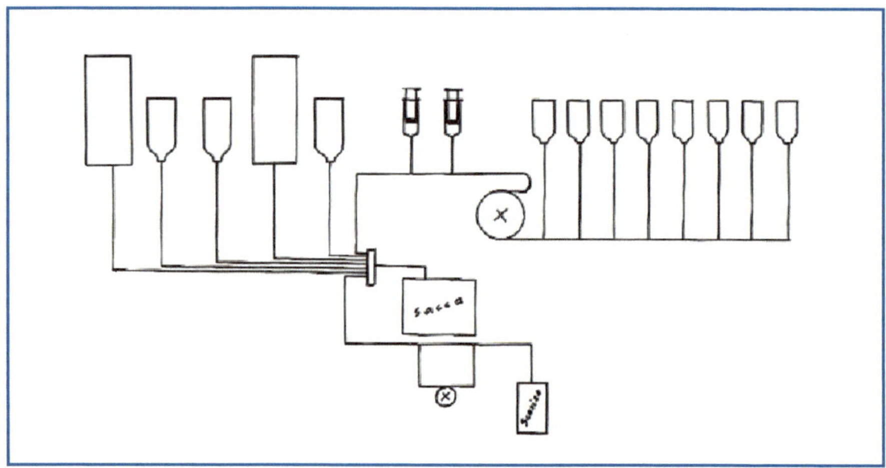

Fig. 5.4 Schema di un sistema automatizzato di riempimento sacche

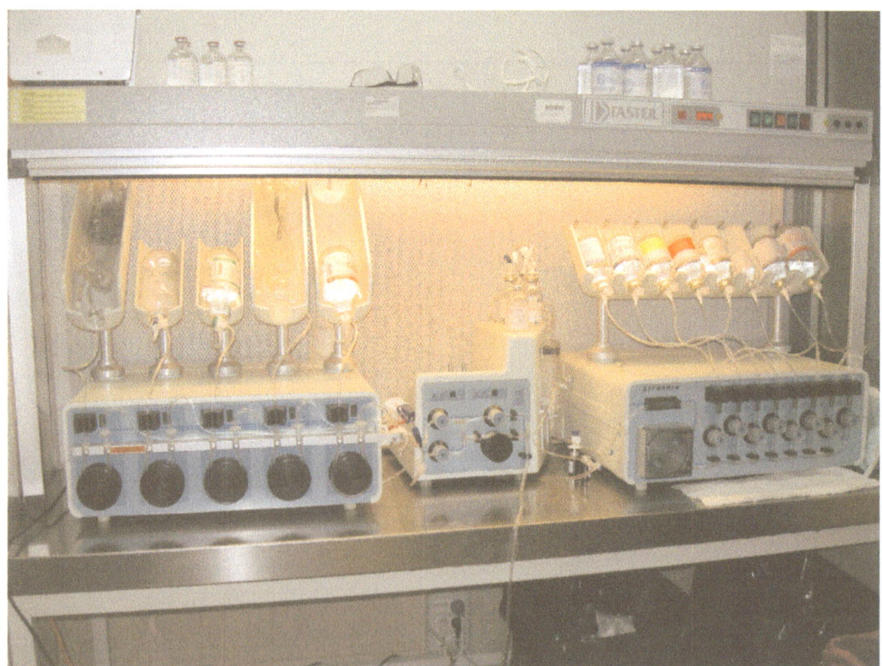

Fig. 5.5 Sistema automatizzato adatto per sacche pediatriche

quindi diventa fondamentale la disponibilità di numerose linee di carico per elettroliti. Un software dedicato produrrà sia i calcoli che le conversioni da mEq a ml di soluzione che la macchina dovrà prelevare, segnalerà eventuali aggiunte a mano dove non potrà farle automaticamente, nonché renderà conto dei lotti e delle scadenze dei prodotti utilizzati così come richiesto dalla FU (Fig. 5.6) [12].

5.6.3 Etichettatura e fogli allegati, osmolarità

L'etichetta posta sulla sacca deve contenere le informazioni base del paziente e la composizione così come richiesta in ricetta, la data di utilizzo, la scadenza, il nome del

```
========= SIFRAMIX =============================================
 Cognome: --------          TPN per il:   14/07/2008  Memo Sifra : 80
 Nome:    --------          Reparto:      Chir. A
================================================================

 1  ACQUA                ml.  143,9      8  Ca 0,268  mEq     ml.  37,3
 2  TPH 060              ml.  333,3      9  NaCl 3 mEq.       ml.   6,7
 3  Aminoacidi 10%       ml.     ,0     10  NaCl dil 0,5mEq   ml.    ,0
 4  ACQUA                ml.  143,9     11  KCl dil 0,5 mEq   ml.    ,0
 5  GLUCOSIO 50%        ml.   285,0     12  KCl 3 meq         ml.   3,3
 ----------------------------------     13  Esafosfina        ml.  22,7
 6  Mg 2 meq             ml.    2,5     14  Mg dil 0,1 meq    ml.    ,0
 7  K-aspartato 3 mEq    ml.    3,3     15  Gluc 50%          ml.  22,0
------------------------------------------------------------------------
                         AGGIUNTE A MANO
 CERNEVIT          ML. 3
========================================================================
            ETICHETTA                            Preparatore N' : ...........
     --------      --------      -- Chir. A
N'   -------------------------------------------        Firma  ..........................
     Volume     ml. 1000    Sodio     mEq.  30.00   Controlli eseguiti sulla preparazione -
     Glucosio   g.  150,00  Potassio  mEq.  20.00       Sperlatura : assenza di particelle visibili
     Aminoacidi g.   20,00  Calcio    mEq.  10.00       Pesata : vedi foglio pesi della giornata  14/07/2008
     Eparina  UI     0.0    Magnesio  mEq.   5.00
     Cernevit   ml. 3       Cloro     mEq.  30.00      Farmacista .....................
     Addamel N  ml. 0,00    Fosfato   mmol. 10.00
     -------------------------------------------             Peso teorico g  1119,972135911352
     Scadenza ore 16 del  15/07/2008
     Medico prescrittore Dr. BIANCHI    Emulsione lipidica  ml.   100
========================================================================
  VOLUMI E LOTTI SOSTANZE UTILIZZATE per la preparazione il:  14/07/2008

   Glucosio 50%          ml.  300.0 Ditta: S.A.L.F.       - Lotto: 42948/2    - Scad.: 30/04/2011
   TPH 060               ml.  333.3 Ditta: baxter         - Lotto: 07L2161    - Scad.: 20/06/2010
   NaCl    3 meq         ml.   6.67 Ditta: S.A.L.F.       - Lotto: 40279      - Scad.: 31/10/2010
   KCl    3 meq          ml.   3.33 Ditta: S.A.L.F.       - Lotto: 40806      - Scad.: 30/11/2010
   K-aspartato 3 meq     ml.   3.33 Ditta: salf           - Lotto: 38388      - Scad.: 30/06/2009
   Calcio gluconato 6%   ml.  37.31 Ditta: S.A.L.F.       - Lotto: 40807      - Scad.: 30/11/2009
   Mg solfato 2 mEq/ml   ml.   2.50 Ditta: S.A.L.F.       - Lotto: 39482      - Scad.: 31/08/2010
   Esafosfina            ml.  22.73 Ditta: biomedica      - Lotto: 38003      - Scad.: 30/03/2010
-------------------------------------------------------------------------
   Cernevit              ml.      3 Ditta: baxter         - Lotto: LE07C038   - Scad.: 31/10/2010
 diluito con Acqua da ml 100  ml. 3 Ditta: BRAUN          - Lotto: 8151B12    - Scad.: 30/03/2011
-------------------------------------------------------------------------
   Acqua p.p.i.        ml.  287.79 Ditta: GALENICA SENESE- Lotto: 80342      - Scad.: 28/02/2010
   SACCA  ML 1000                  Ditta: FRESENIUS       - Lotto: 0720508    - Scad.: 30/09/2012
=========================================================================
```

Fig. 5.6 Esempio di foglio operativo riportante tutte le indicazioni per la rintracciabilità del processo

medico prescrittore. Nello spazio restante, se possibile, si possono includere altri dati tecnici quali le calorie, l'osmolarità teorica.

5.7 Osmolarità di una soluzione

L'osmolarità è un parametro che ci indica la possibilità per la NP di essere infusa in vena periferica, se al di sotto di 600 mOsm/litro, se al di sopra solo in grossi vasi, e da 800-900 in su solo in cateteri centrali.

L'osmolarità è espressione del contenuto molare dei vari componenti rapportati al litro. Il valore per il glucosio e aminoacidi è riportato in etichetta, e quindi basta fare una proporzione tra la quantità di soluzione prelevata e il volume finale della sacca per NP. Per esempio, se utilizzo 250 ml di una soluzione di AA che presenta osmolarità/litro di 890, vuol dire che mi apporta un carico osmolare di 890*250/1000 e cioè 222 mOsm/l, che inserirò in una sacca a volume finale di 1500 ml, e quindi mi darà un contributo alla osmolarità finale di 222*1000/1500 pari a 148 mOsm/litro solo per gli AA. Lo stesso calcolo può essere fatto per glucosio, lipidi, polivitaminico e oligoelementi.

Per gli elettroliti il calcolo è più semplice. Se inserisco 50 mEq di sodio (pari a 50 mmol poiché monovalente) nella sacca di 1500 ml avrò un carico osmolare da sodio di 50*1000/1500 pari a 33 mOsm/litro. Lo stesso calcolo va fatto per K, Cl, Ca, Mg e fosforo.

Qualora fosse utile comunicare altre informazioni (rapporto calorico glucidi/lipidi, grammi di azoto, condizioni di conservazione della sacca prima e/o durante l'infusione, incompatibilità sistemica con farmaci (es. Rocefin e Calcio gluconato), esplicazione in millitri della composizione della sacca, ecc.), è necessario allegare un foglio con tutte queste informazioni.

5.7.1 Controlli

Le sacche per NP devono soddisfare i requisiti di sterilità, apirogenicità, contenuto particellare delle soluzioni iniettabili secondo FU. Partendo da soluzioni commerciali che già soddisfano questi requisiti e operando con personale e in ambienti adeguati tali condizioni devono permanere. I controlli che possiamo operare sono tesi quindi a limitare gli errori e al controllo di processo e non possono essere controlli "distruttivi" del campione, poiché la sacca è destinata in toto al paziente.

Tramite il software di calcolo possiamo avere un peso teorico della sacca finita e quindi verificare la correttezza della preparazione. Un controllo visuale della soluzione ci evidenzia la presenza di precipitati, frustoli di gomma derivanti dai tappi dei flaconi, filamenti trasparenti residui della lavorazione della sacca, frammenti di vetro.

Questo controllo se optiamo per le 'all-in-one' non è possibile.

Ci possono essere controlli a campione e parzialmente distruttivi. A campione: si può produrre all'interno di un ciclo di produzione, ad esempio una giornata, una piccola sacca al solo scopo di verificare la funzionalità della macchina riempitrice, degli operatori, delle soluzioni, sulla quale determinare la concentrazione degli elettroliti e il pH [13]. Parzialmente distruttivi: prelevando una piccola quota (anche solo 2 ml) da una sacca si può effettuare un controllo microbiologico. L'esito non è immediato quindi il controllo si configura come un test dell'intera procedura, del personale e dell'ambiente.

Qualora si preparino sacche 'all-in-one', sarà necessario effettuare, anche se a campione, esami sul diametro dei globuli di lipidi.

5.8 Tempi e costi

A seconda della tecnica di allestimento utilizzata (manuale o automatizzata) è stato analizzato l'impegno del Farmacista e del Tecnico/Infermiere in termini di tempo. La Tabella 5.13 riporta i tempi medi del personale adeguatamente addestrato e manualmente abituato a produrre questo tipo di miscele. I numeri esprimono i minuti dedicati all'operazione descritta. Si può notare come una quota rilevante è dovuta alla preparazione della NP.

La Tabella 5.14, invece, riporta i tempi necessari se si utilizza un sistema automatizzato per il riempimento delle sacche. I tempi di allestimento si riducono di 10 minuti e sono tutti guadagnati nella fase preparativa. Benché i sistemi di riempimento richiedano il montaggio di un set di tubi sterile a inizio lavorazione, che richiede tempo (sono i 3,5 minuti conteggiati oltre i 5 della preparazione della NP) senza produrre

Tabella 5.13 Tempi medi del personale

	Farmacista	Tecnico
Introduzione ricetta a computer, valutazione, correzioni, ottimizzazione e contatti telefonici con il Reparto	6	-
Stampa del foglio di preparazione	2	-
Stampa delle etichette	1	-
Rifornimento dei liquidi	-	5
Allestimento vassoio con tutti i materiali	-	3
Preparazione del NP	-	15
Controllo finale	1	-
Chiusura e confezionamento per il trasporto in Reparto	-	2
Totale	10	25

Tabella 5.14 Tempi necessari se utilizzato un sistema automatico per il riempimento delle sacche

	Farmacista	Tecnico
Introduzione ricetta a computer, valutazione, correzioni, ottimizzazione e contatti telefonici con il Reparto	6	-
Stampa del foglio di preparazione	2	-
Stampa delle etichette	1	-
Rifornimento dei liquidi	-	3
Allestimento vassoio con tutti i materiali	-	1
Preparazione della sacca di NP	-	5 + 3,5
Controllo finale	1	-
Chiusura e confezionamento per il trasporto in Reparto	-	2
Totale	10	14,5

alcuna sacca, riescono comunque a essere vantaggiosi in termini di tempo risparmiato specie su grandi produzioni. Anche il costo segue la legge della grande produzione: solo per un numero elevato di sacche prodotte giornalmente diventa conveniente l'automazione.

È interessante trovare il confine tra la convenienza economica dei due sistemi. Dipende molto dalla tipologia di contratto con la quale si dispone dell'apparecchiatura di riempimento. Nel nostro caso, che è anche il più utilizzato, che prevede un'apparecchiatura in noleggio e un acquisto di sacche a consumo, e il personale preparatore sia tecnico/infermieristico, il limite per far sì che il sistema automatizzato diventi più economico di quello manuale si attesta sulle 25-27 NP/die.

Bibliografia

1. AAVV (2008) Farmacopea Ufficiale Italiana, XII ed. Istituto poligrafico e Zecca di Stato, Roma
2. Koletzko B, Goulet O, Hunt J et al (2005) Guidelines on Paediatric Parenteral Nutrition of the European Society of Paediatric Gastroenterology, Hepatology and Nutrition (ESPGHAN) and the European Society for Clinical Nutrition and Metabolism (ESPEN). J Pediatr Gastroenterol Nutr 41 (Suppl 2):S1-S87
3. Schede tecniche dei preparati commerciali
4. Iapichino G, Radrizzani D (1985) La nutrizione clinica. Ed. Scientifiche Biomedica Foscama, Roma
5. Manning RJ, Washington C (1992) Chemical stability of total parenteral nutrition admixture. Int J Pharm 81:1-20
6. Donnell SC, Loyd DA, Eaton S et al (2002) The metabolic response to intravenous medium-chain triglycerides in infants after surgery. J Pediatr 141:689-694
7. Salis C (1992) Metodiche di preparazione, stabilità e sterilità delle soluzioni nutrizionali. In: Bozzetti F, Guarnieri G, Manuale di nutrizione artificiale. Masson, Milano

8. Poindexter BB, Ehrenkranz RA, Stoll BJ et al (2003) Effect of parenteral glutamine supplementation on plasma amino acid concentrations in extremely low-bith-weight infants. Am J Clin Nutr 77:737-743
9. Allwood MC, Martin HJ (2000) The photodegradation of vitamins A and E in parenteral nutrition mixtures during infusion. Clin Nutr 19:339-342
10. Allwood MC (1995) Factors influencing the stability of ranitidine in TPN mixtures. Clin Nutr. 14:171-176
11. Marengo M, Miglietta M (1999) L'automazione per la nutrizione parenterale pediatrica personalizzata. Giornale Italiano di Farmacia Clinica (Suppl 13,2):131
12. Micari C, Elia A, Marengo M et al (2004) Controlli di qualità in nutrizione parenterale totale: l'esperienza dell'Ospedale Infantile Regina Margherita di Torino. Giornale Italiano di Farmacia Clinica 18,3:243
13. Elia A, Marengo M, Miglietta M (1999) Controllo contenuto elettroliti in TPN. Giornale Italiano di Farmacia Clinica (Suppl 13,2):132

Monitoraggio clinico-laboratoristico in corso di nutrizione parenterale

6

F. Savino, M.M. Lupica, R. Miniero

Presupposto fondamentale per intraprendere un programma di nutrizione parenterale (NP) relativamente sicuro e scevro da complicanze è il monitoraggio continuo dello stato fisico del paziente mediante la valutazione della funzionalità cardiaca, respiratoria e renale e dei parametri ematochimici. Il controllo clinico e laboratoristico è inoltre un'essenziale verifica dell'efficacia della terapia nutrizionale e permette di valutare l'opportunità di attuare delle modifiche adeguate al singolo paziente [1, 2]. Oltre al controllo di parametri che permettono di valutare l'efficacia del trattamento nutrizionale, è opportuno un attento monitoraggio degli indici metabolici e della via di infusione.

Per quanto riguarda la valutazione dello stato nutrizionale, essa rappresenta un momento essenziale per l'identificazione dei pazienti a rischio di malnutrizione, per i quali è consigliabile un approccio nutrizionale per via parenterale, e tale valutazione va ripetuta durante il periodo di NP per confermarne l'efficacia e mettere in atto eventuali modificazioni. Non esiste un unico parametro clinico in grado di fornire informazioni complete sullo stato nutrizionale individuale, ma è consigliata la valutazione periodica di indici antropometrici (indicatori in particolare dello stato di idratazione) e di indici biochimici (indicatori del metabolismo dei nutrienti, quali proteine, glicidi e lipidi). Il peso corporeo e le sue variazioni in corso di NP è il parametro più semplice da valutare; a livello molecolare, una sua modificazione riflette un cambiamento di uno o più compartimenti corporei (ad esempio, in caso di suo aumento significativo si deve considerare tra le possibili cause l'incremento del compartimento adiposo, della massa magra o del contenuto di acqua corporea totale). Per ottenere indicazioni più precise sulla composizione corporea ci si può avvalere dell'impedenziometria bioelettrica che possiede notevoli vantaggi per l'applicazione in età pediatrica, data la sua non invasività, la rapidità e la semplicità di esecuzione.

Tra i parametri bioumorali nutrizionali, ricordiamo l'albumina, la prealbumina, la transferrina, la proteina legante il retinolo (RBP). Il riscontro di ipoalbuminemia può essere riconducibile a varie cause: ridotto apporto proteico, condizioni di iperidratazione, ridotta sintesi proteica endogena, come in caso di epatopatie, aumento del catabolismo proteico per sepsi o traumi, perdite profuse nel caso di sindrome nefrosiche o enteropatie proteinodisperdenti o ancora per ustioni. La lunga emivita e la presenza di un pool intravascolare rendono l'albumina un indicatore non ottimale per variazioni rapide dello stato nutrizionale, tuttavia è dimostrata la sua validità come fattore prognostico negativo in caso di persistente riduzione dei suoi livelli circolanti. La transferrina, invece, risponde più rapidamente alle modificazioni dello stato nutrizionale, ma la sua sintesi è notevolmente influenzata da fattori non solo nutrizionali ma legati al quadro patologico di base (quali sindrome nefrosica, insufficienza epatica e renale, malattie ematologiche). Altro indice biochimico da considerare è la RBP, che possiede un'emivita di 10 ore circa ed è sensibile alla riduzione di apporto calorico e proteico. La sua concentrazione è però dipendente dalla sintesi di vitamina A e dalla funzionalità renale. La prealbumina è il parametro più utilizzato nella pratica clinica anche in ambito pediatrico. È una proteina di trasporto sintetizzata dal fegato e metabolizzata in parte dal rene: per tale motivo la funzionalità epatica e renale ne influenzano i livelli circolanti. Come indice della perdita o dell'accumulo di proteine corporee si valuta il bilancio azotato, che fornisce una stima della risposta dell'organismo alla terapia nutrizionale. Nella pratica clinica, soprattutto considerando pazienti in età pediatrica, lo studio accurato del bilancio azotato risulta complesso, in considerazione della difficoltà a quantificare con precisione l'azoto introdotto, a raccogliere correttamente le urine delle 24 ore e a stimare le perdite extrarenali di azoto (con le feci, per la perspiratio insensibilis, il sudore, il vomito, in caso di fistole intestinali, ustioni cutanee estese).

Le raccomandazioni per un corretto programma di NP variano anche in base alla previsione di durata di tale approccio nutrizionale: in caso di NP a medio termine (quando si prevede una successiva possibile ripresa dell'alimentazione per via orale o enterale), è opportuno iniziare tale tipo di nutrizione gradualmente, senza somministrare un eccessivo carico calorico, garantendo un corretto apporto di glicidi, lipidi e oligoelementi, con un attento monitoraggio di glicemia e glicosuria; in caso di NP a lungo termine, è importante assicurare al paziente anche un adeguato apporto di vitamine e prestare particolare attenzione al monitoraggio della funzionalità epatica e del metabolismo osseo (tessuti più di frequente oggetto di complicanze di una NP prolungata).

È stato quindi proposto un calendario dei controlli clinici in corso di NP [3]. Ovviamente, la frequenza con cui vengono richiesti tali controlli è suscettibile di ampie variazioni in rapporto al quadro clinico e alla tipologia del paziente. Qui di seguito viene proposto lo schema di controllo programmato adottato presso il nostro ospedale.

Esami di laboratorio da richiedere prima di iniziare la NP:

- esame emocromocitometrico
- elettroliti (Na, K, Cl, Ca, Mg)
- funzionalità epatica
- bilancio lipidico
- funzionalità renale
- screening coagulativo
- transferrinemia
- sideremia
- uricemia
- protidogramma – prealbuminemia
- glicemia.

Ogni giorno bisogna rilevare:

- parametri vitali: pressione arteriosa, frequenza cardiaca e respiratoria, temperatura corporea
- peso corporeo
- diuresi
- bilancio idrico introdotti/eliminati
- ricerca comparsa di edemi.

Esami di laboratorio da richiedere giornalmente:

- elettroliti (Na, K, Cl, Mg, P), pH e bicarbonati
- azotemia, creatininemia
- glicemia e glicosuria.

Due volte alla settimana agli esami richiesti quotidianamente aggiungere:

- funzionalità epatica.

Una volta alla settimana aggiungere:

- esame emocromocitometrico
- protidogramma e prealbumina
- bilancio lipidico
- ammoniemia
- sideremia e transferrinemia
- clearance renali.

Ogni volta che se ne ravvede la necessità richiedere:

- emogasanalisi
- osmolarità sierica
- studio emocoagulativo.

Bibliografia

1. AAVV (2002) Linee guida SINPE per la Nutrizione Artificiale Ospedaliera 2002. Rivista Italiana di Nutrizione Parenterale ed Enterale/Anno 20 S5, p S1 Wichtig Editore
2. Guidelines for the Use of Parenteral and Enteral Nutrition in Adult and Pediatric Patients A.S.P.E.N. January–February 2002 Vol. 26, No. 1 Supplement, pp 1SA–138SA
3. Koletzko B, Goulet O, Hunt J et al (2005) Parenteral Nutrition Guidelines Working Group; European Society for Clinical Nutrition and Metabolism; European Society of Paediatric Gastroenterology, Hepatology and Nutrition (ESPGHAN); European Society of Paediatric Research (ESPR). Guidelines on Paediatric Parenteral Nutrition of the European Society of Paediatric Gastroenterology, Hepatology and Nutrition (ESPGHAN) and the European Society for Clinical Nutrition and Metabolism (ESPEN), Supported by the European Society of Paediatric Research (ESPR) J Pediatr Gastroenterol Nutr 41 Suppl 2:S1-87

Complicanze in corso di nutrizione parenterale e loro trattamento 7

F. Savino, V. Tarasco, E. Castagno

La nutrizione parenterale (NP) può determinare la comparsa di complicanze nutrizionali e metaboliche, di complicanze legate al posizionamento o alla permanenza del catetere venoso centrale (CVC) (si rimanda al Capitolo 2), nonché settiche non CVC-correlate [1].

7.1 Complicanze nutrizionali/metaboliche

Le complicanze nutrizionali includono il ridotto o eccessivo apporto dei singoli componenti delle soluzioni utilizzate per la NP, quali elettroliti, minerali, vitamine, oligoelementi, glucosio, soluzioni aminoacidiche e lipidiche. Un adeguato monitoraggio, come descritto nel Capitolo 6, è in grado di prevenirle nella maggior parte dei casi. Nella Tabella 7.1 sono descritte le principali alterazioni nutrizionali/metaboliche osservabili in corso di NP [2].

7.2 Complicanze d'organo

Le principali complicanze d'organo, associate soprattutto alla NP di lunga durata, sono rappresentate dalla malattia epatobiliare, dall'osteodistrofia (o malattia metabolica dell'osso) e dallo scarso accrescimento. Raramente possono verificarsi complicanze a livello intestinale e renale.

Le *complicanze epatobiliari*, sebbene meno frequenti rispetto al passato grazie alla disponibilità di soluzioni nutritive più strutturate alla luce delle moderne conoscenze, sono tuttora molto frequenti nelle nutrizioni di lunga durata (40-80% dei casi se la NP dura più di 60 giorni) e nei neonati, soprattutto se pretermine, a causa della fisiologi-

Tabella 7.1 Principali complicanze nutrizionali della NP: aspetti clinici e laboratoristici, eziopatogenesi e terapia

Complicanza	Quadro clinico e laboratoristico	Fattori causali	Terapia
Acidosi metabolica	Respiro di Kussmaul (profondo e rapido), ipotensione, edema polmonare, ipossia tessutale (nei casi severi)	Eccessiva introduzione di ioni H^+	
		Eccessiva eliminazione di basi dal rene o dal tubo GE	
		Inadeguato apporto di sostanze produttrici di basi che neutralizzano acidi prodotti dalla degradazione di AA	Aumentare l'apporto di acetato
	↓pH e bicarbonati	Eccessiva produzione di proteine e/o di calorie o di entrambi	Diminuire le concentrazioni di cloro-ioni nell'acidosi ipercloremica
		Eccesso di cloruri nelle soluzioni di AA cristallini (acidosi metabolica ipercloremica)	
Alcalosi metabolica	Crampi, astenia, tetania, respiro lento e superficiale, alterazioni dello stato di coscienza	Eccessiva introduzione di basi o drenaggio naso-gastrico prolungato	Somministrare liquidi, KCl, NaCl
	↑pH e bicarbonati spesso presente ↓K e ↓Cl	Vomito incoercibile (↓H^+)	
Ipercalcemia	Poliuria, disidratazione, astenia, dolori addominali, nausea, vomito, letargia.	Eccessiva introduzione di Ca e vit D	Reidratare con soluzione salina
	Tachicardia ventricolare, inibizione depolarizzazione miocardica e neuromuscolare (ipercalcemia severa)	Diuretici tiazidici	↓ apporto di Ca e vit D
		Osteoporosi da immobilizzazione	Correggere l'eventuale ipopotassemia concomitante

Continua ↓

Continua **Tabella 7.1**

	ECG: ↓ QT e ST, ↑ intervallo PR e ↑ durata QRS e/o blocco A-V (ipercalcemia severa)		Mobilizzazione
			Evitare digitale e diuretici tiazidici
	Ipercalciuria		↑ escrezione renale (iperidratazione +/- furosemide). Se ciò non è sufficiente e si è in presenza di:1) funzionalità renale e cardiaca normali: prednisone , diuresi forzata, diuretici, calcitonina (5-10 U/kg/dire im), mitramicina (10-25 mg/kg/dose da ripetere > 48-72 h), fosfato di Na (500-1000 mg/die ev in 6-8 h) fosfato dialisi. 2) insufficienza renale: prednisone, calcitonina, dialisi. 3) insufficienza cardiaca: prednisone, diuretici, calcitonina, mitramicina, fosfati ev, EDTA, dialisi
Ipocalcemia	Se Ca < 4.5 mEq/L: irritabilità e ipereccitabilità neuromuscolare, convulsioni, segno di Chvostek, spasmo carpo-podalico, laringospasmo	Inadeguata somministrazione (anche in relazione al carico di fosforo) Ipomagnesemia Ipoalbuminemia	Ca gluconato al 10% (2cc/kg ev con monitoraggio ECG)
	ECG: ↑ QT (soprattutto ST), aritmie	Insufficienza renale Alcalosi metabolica	
Iperkaliemia	ECG: onda T a "tenda", allargamento QRS (più tardi), onda P piatta o allargata, ritmo ectopico e blocco intraventricolare	Eccessivo apporto esogeno Deplezione di Ca e Na	↓ K esogeno Ca gluconato 100-300 mg/kg ev

Continua ↓

Continua **Tabella 7.1**

Complicanza	Quadro clinico e laboratoristico	Fattori causali	Terapia
		Acidosi metabolica	(0.5-1 ml/kg della soluzione al 10%) in 5'-10' monitorando ECG
		Insufficienza renale	NaHCO3 o Na-lattato 1-2 mEq/kg ev in 5'-10'. glucosio 1-2 g/kg (+0.3U insulina standard /g di Glc) Favorire l'escrezione di K (Furosemide)
Ipokaliemia	Se K < 3 mEq/L: letargia, debolezza muscolare, alterazioni cardiache anche fatali; una somministrazione di glucosio ev può peggiorare il quadro clinico	Insufficiente apporto di K Aumentate perdite urinarie e GI	↑concentrazione di K (non superare i 10 mEq/ora)
	ECG: onde T appiattite ed invertite, aritmie, comparsa onda U	Ipomagnesemia Iperinfusione di glucosio Alcalosi metabolica	Correggere l'alcalosi
Ipermagnesemia	Se Mg > 2,6 mEq/L	Insufficienza renale	Ca gluconato 10%: 0,5-1ml/kg ev in 10'-20'. Emodialisi
Ipomagnesemia	Se Mg < 1,2mEq/L: irritabilità e ipereccitabilità neuromuscolare, vertigini e debolezza, convulsioni. Encefalopatia	Insufficiente apporto di Mg Aumentate perdite urinarie o GI Malnutrizione o malassorbimento NP prolungata	↑ Mg nella soluzione NP Solfato di Mg ev nei casi severi (2mEq/kg/die ogni 4 h)
	Aritmie, allungamento del QT	Stati di ipercalcemia Diuretici Gentamicina	Monitorare la magnesemia frequentemente

Continua ↓

Continua **Tabella 7.1**

Iperammoniemia	Sonnolenza, letargia, convulsioni, alterazioni dello stato di coscienza	Disfunzione epatica Eccessiva infusione di AA Insufficiente apporto di Arginina	↓ velocità o sospensione dell'infusione. Usare solo AA a catena ramificata
Iperazotemia	Azoturia, poliuria osmotica e disidratazione	Eccessivo apporto proteico	Correggere la disidratazione. ↓ concentrazione di AA
	Iperosmolarità plasmatica		Aumentare le calorie non proteiche per ottenere un rapporto calorie non proteiche/ calorie proteiche di 185-500:1
Deficit di acidi grassi	Dermatite squamosa, alopecia, suscettibilità ad infezioni batteriche, arresto della crescita, alterazioni della capacità visiva	NP priva di lipidi Somministrazione inadeguata di acidi grassi essenziali (ac. linoleico e linolenico)per 1-2 settimane	Somministrare almeno il 4% dell'apporto calorico totale come calorie lipidiche
Deficit di oligoelementi	Ferro: anemia ipocromica microcitica, alterazioni immunitarie	Inadeguata supplementazione di oligoelementi	
	Zinco: arresto di crescita, diarrea, dermatite periorale e perineale, alopecia	Malassorbimento Incapacità di utilizzare gli apporti	Somministrare oligoelementi
	Rame: anemia ipocromica normocitica, neutropenia, trombocitopenia, ematomi subperiostiei, osteoporosi, calcificazioni delle parti molli	Perdite selettive di oligoelementi in tracce	
Deficit di vitamine	Vit E: danno ossidativi	Inadeguata supplementazione di vitamine	Somministrare vitamine
	Vit K: allungamento PT, manifestazioni emorragiche	Interazioni tra vitamine e altri substrati	

Continua ↓

Continua **Tabella 7.1**

Complicanza	Quadro clinico e laboratoristico	Fattori causali	Terapia
	Tiamina: compromissione neurologica e acidosi lattica	Fenomeni di ossidazione e in attivazione anche per esposizione alla luce	
	Biotina: dermatite esfoliativa, irritabilità, pallore, ipotonia fino a letargia	Malassorbimento	
Iperglicemia	Glicosuria, diuresi osmotica, disidratazione, sintomi neurologici (alterazioni dello stato di coscienza, crisi convulsive)	Rapida infusione	Correggere la disidratazione iperosmolare
		Ridotta produzione di insulina	Correggere l'iperglicemia con infusione di insulina
		Aumento della gluconeogenesi e della glicogenolisi endogene Immaturità dei sistemi enzimatici epatici	Monitorare il glucosio, l'osmolarità, Na e K ematici
Ipoglicemia	Irritabilità, tremori, convulsioni, ipotonia, tachicardia e tachipnea, vomito	Arresto repentino dell'infusione glucidica (malfunzionamento o occlusionedel CVC o delle pompe di infusione)	Infusione di soluzione glucosata al 10% ev.
Iperlipemia	Epatomegalia, siero lattescente. Aumento dei trigliceridi	Iperdosaggio lipidico	Utilizzare corretta quota di lipidi e corretta velocità di infusione (la quota lipidica non deve superare il 60% delle calorie totali, velocità di infusione max 0,15 g/kg/h)
		Disturbi preesistenti del metabolismo lipidico	
		Eccessiva velocità di infusione	
		Ittero	
		Deficit di carnitina	

ca immaturità del fegato a captare gli acidi biliari e a garantire il loro adeguato circolo enteroepatico [3]. Nella maggioranza dei soggetti si osserva un innalzamento degli enzimi epatici e della bilirubinemia già dopo 2-4 settimane di NP: si tratta di modificazioni modeste e reversibili con la modulazione o la sospensione della NP stessa. In alcuni casi, invece, possono di seguito comparire ittero ed epatomegalia; raramente vi possono essere esiti più severi con evoluzione verso la cirrosi e l'insufficienza epatica [4]. L'eziopatogenesi è multifattoriale e non completamente chiarita. L'assenza dell'alimentazione orale (la secrezione degli acidi biliari è stimolata dall'assunzione del cibo e la presenza di cibo nell'intestino stimola la secrezione di enzimi e ormoni quali la colecistochinina che contribuiscono a mantenere l'equilibrio tra attività intestinale e sistema epatobiliare), episodi infettivi severi, la prematuranza, la sindrome da intestino corto, e alcuni componenti delle soluzioni nutritive utilizzate possono contribuire all'insorgenza del danno epatico. In particolare, la NP può condurre a un danno epatobiliare in seguito a:

- sbilanciato ed eccessivo apporto calorico glucidico e/o lipidico: le calorie derivanti dal destrosio non devono superare il 60% del totale, in caso contrario più facilmente può insorgere steatosi;
- apporto aminoacidico eccessivo (soprattutto di metionina) o inadeguato (soprattutto di taurina e carnitina). I neonati coniugano preferibilmente gli acidi biliari con la taurina piuttosto che con la glicina; in caso di carenza di taurina, quindi, viene sintetizzata una maggior quantità di acido litocolico coniugato con glicina, che sortisce un maggior effetto colestatico. Tale evento diventa rilevante nello sviluppo della colestasi, soprattutto qualora vi sia una crescita batterica intestinale abnorme con formazione di elevate quantità di acido litocolico;
- modalità di infusione continua oppure troppo rapida di glicidi e lipidi;
- eccessiva supplementazione lipidica e presenza di fitosteroli contenuti in alcune emulsioni lipidiche;
- apporto eccessivo di minerali quali manganese, rame, cromo e alluminio.

Infine, soprattutto nel neonato, giocherebbero un ruolo anche gli elevati stress ossidativi caratteristici di questo periodo, non sufficientemente controllati da sistemi di protezione ancora immaturi, in particolare quelli glutatione-dipendenti.

Le principali manifestazioni del danno epatobiliare sono la steatosi (più frequente nell'adulto), la colestasi (più spesso nel paziente pediatrico) e la sindrome da bile spessa accompagnata eventualmente da colelitiasi (molto rara, peraltro, nel lattante). Nei pazienti che manifestano tale complicanza, è fondamentale un attento monitoraggio della funzionalità epatica attraverso esami laboratoristici (transaminasi, fosfatasi alcalina, γGT e bilirubina) e strumentali (ecografia addominale). La biopsia epatica non è indicata se non nelle fasi avanzate del danno epatico.

La prevenzione della malattia epatobiliare, in particolare della colestasi, e il suo precoce trattamento, prevedono soprattutto la promozione della rialimentazione orale precoce o della nutrizione enterale anche in minime quantità, la somministrazione ciclica o intermittente della NP (ad esempio 10-16 ore al giorno), la modulazione della velocità e della composizione (la riduzione dell'apporto proteico e del rapporto tra calorie e apporto azotato può rivelarsi utile). Possono essere presi in considerazione di volta in volta:

- la riduzione della proliferazione batterica intestinale (al fine di ridurre la produzione di acido litocolico che interferisce con il deflusso della bile) attraverso la somministrazione di antibiotici non assorbibili quali gentamicina, neomicina, polimixina e metronidrazolo;
- l'utilizzo di farmaci coleretici (acido ursodesossicolico);
- l'utilizzo di sostanze inducenti l'attività enzimatica, quali fenobarbital e rifampicina, la colestiraminasi o ormoni quali la colecistochinina (attualmente ancora in fase di studio) [4,5].

L'*osteodistrofia,* che si presenta in genere con un quadro di osteopenia, è una conseguenza del sovvertimento dei meccanismi di omeostasi ossea e minerale la cui eziopatogenesi non è ancora del tutto chiarita. Possono esercitare un ruolo favorente:

- alcune condizioni preesistenti che compromettono l'assorbimento di calcio e vitamina D, ad esempio la sindrome dell'intestino corto, le malattie infiammatorie intestinali e la riduzione della funzionalità renale;
- la prolungata assunzione concomitante di farmaci quali ciclosporina, metotrexate e soprattutto cortisonici;
- meccanismi legati alla NP stessa: alterato metabolismo del calcio, ridotta produzione e attività del paratormone, intossicazione o carenza di vitamina D, contaminazione da alluminio e da altri oligoelementi quali piombo, stronzio e cadmio, oppure carenze di zinco, rame e maganese.

Dal punto di vista clinico, l'osteodistrofia si presenta con riduzione della densità ossea, rachitismo con segni di osteoporosi, dolore ed eventualmente con fratture patologiche. In pazienti con malattia metabolica dell'osso è fondamentale un monitoraggio periodico - annuale o a scadenze più ravvicinate su indicazione specifica - con esami ematochimici (calcio e fosforo plasmatici e urinari, paratormone, fosfatasi alcalina ossea, vitamina D) e strumentali (DEXA, densitometria ossea) [6].

Nei bambini sottoposti a NP totale, l'apporto nutrizionale deve essere adeguato non solo al fabbisogno metabolico basale, ma anche alle richieste energetiche necessarie per un accrescimento normale, pertanto lo *scarso accrescimento* può rappresentare una complicanza particolarmente, frequente soprattutto nei bambini nati pretermine. Alcuni Autori suggeriscono l'introduzione di ornitina α-chetoglutarato nella soluzione per NP come promotore dell'accrescimento attraverso gli effetti vantaggiosi che sortisce in qualità di fattore-chiave sia nel ciclo di Krebs che nel ciclo dell'urea, tuttavia tale indicazione non trova riscontro unanime [1].

Nel caso in cui si osservi una ridotta velocità di crescita al momento di iniziare lo svezzamento del bambino dalla NP, è preferibile aumentare l'apporto calorico per ridurre i giorni di terapia piuttosto che prolungare ulteriormente la NP. In ogni caso, è fondamentale che il paziente pediatrico in NP di lunga durata sia sottoposto a un regolare monitoraggio della crescita e della composizione corporea.

È importante sottolineare che la NP esclude l'intestino mettendolo completamente a riposo. Nel lungo periodo, questa condizione può comportare la comparsa di *complicanze intestinali* quali una diminuzione dell'attività esocrina del pancreas, ipoplasia seppur moderata dei villi intestinali ed edema delle cellule della mucosa intestinale con aumento della permeabilità della stessa. Quest'ultima situazione può favorire il passaggio di batteri e tossine dall'intestino alla circolazione sistemica con un maggior rischio di insorgenza di processi infettivi anche gravi. Inoltre, le alterazioni della mucosa intestinale possono generare una ridotta secrezione di IgA contribuendo a un'ulteriore compromissione della immunità locale.

In corso di NP di lunga durata possono, infine, insorgere anche *complicanze renali* legate verosimilmente a una necrosi glomerulare, la cui origine rimane peraltro da chiarire. L'iperossaluria, secondaria all'iperproduzione endogena di ossalato, è stata osservata in alcuni soggetti ed è stata chiamata in causa nella genesi della nefrolitiasi.

7.3 Complicanze settiche

Le complicanze settiche sono le più frequenti (75% delle complicanze) e le più temibili della NP, attesa la loro potenziale letalità, soprattutto nei pazienti immunocompromessi. La loro frequenza varia dal 6 al 20% dei casi. Può essere legata all'insorgenza di infezione generalizzata da contaminazione del catetere o da inquinamento della miscela nutrizionale. Le infezioni correlate al CVC sono più frequenti, con un'incidenza variabile dal 2% al 29% (vedi Capitolo 2). La sepsi può essere anche di origine endogena, in seguito alla traslocazione di germi dal lume intestinale alla circolazione sistemica con adesione alle pareti del catetere. Le infezioni più frequenti sono causate da *Candida albicans* e da *Staphylococcus aureus* e *epidermis* [7].

Bibliografia

1. Koletzko B, Goulet O, Hunt J et al (2005) Guidelines on Paediatric Parenteral Nutrition of the European Society of Paediatric Gastroenterology, Hepatology and Nutrition (ESPGHAN) and the European Society for Clinical Nutrition and Metabolism (ESPEN), Supported by the European Society of Paediatric Research (ESPR). J Pediatr Gastroenterol Nutr 41:S75-S84
2. Guidelines for the use of parenteral and enteral nutrition in adult and pediatric patients ASPEN. January-February 2002 Vol. 26, No. 1 Supplement, pp 1SA-1 38SA
3. Moreno Villares JM (2008) Parenteral nutrition-associated liver disease. Nutr Hosp 23(Suppl 2):25-33
4. Kwan V, George J (2004) Liver disease due to parenteral and enteral nutrition. Clin Liver Dis 8:883-891
5. Falcone RA, Warner BW (2001) Pediatric parenteral nutrition. In: Rombeau JL, Rolandelli RH (eds) Parenteral nutrition. WB Sauders, Philadelphia, pp 476-496
6. Advenier E, Landry C, Colomb V et al (2003) Aluminium contamination of parenteral nutrition and aluminium loading in children on long-term parenteral nutrition. J Pediatr Gastroneterl Nutr 36:448-453
7. Duro D, Kamin D, Duggan C (2008) Overview of pediatric short bowel syndrome. J Pediatr Gastroenterol Nutr 47(Suppl 1):S33-S46

Indicazioni alla nutrizione parenterale

8

F. Savino, M.M. Lupica, S.A. Liguori, R. Miniero

8.1
Indicazioni generali alla nutrizione parenterale

La nutrizione parenterale (NP) viene utilizzata allo scopo di prevenire o trattare deficit nutrizionali in casi in cui l'apporto energetico e di nutrienti non può essere garantito da un'alimentazione per via orale o enterale. Le indicazioni all'uso della nutrizione artificiale in età pediatrica fanno ancora riferimento a studi condotti prevalentemente in pazienti adulti e si basano sulle opinioni di esperti in tale ambito [1, 2]. Anche per quanto riguarda il confronto tra l'efficacia dell'approccio nutrizionale per via enterale rispetto alla via parenterale sono stati condotti pochi studi in età pediatrica, mentre sono disponibili dati ricavati da studi condotti a tale scopo in adulti. Nell'approccio alla nutrizione in ambito pediatrico occorre considerare che nei bambini l'alimentazione deve assicurare non solo un apporto energetico e di nutrienti adeguato al mantenimento di un buon trofismo tessutale, ma anche permettere un regolare accrescimento corporeo, in particolare nella prima infanzia o nell'adolescenza, periodi in cui è massima la velocità di crescita.

Le patologie con indicazione alla NP possono essere distinte in gastrointestinali ed extraintestinali. Tra le prime vi sono patologie mediche e chirurgiche, che comportano una compromissione della funzione intestinale digestiva e quindi una condizione di insufficienza intestinale grave rispettivamente funzionale, nel caso di patologie gastrointestinali mediche, o anatomica, nel caso di patologie gastrointestinali chirurgiche. In queste situazioni l'indicazione all'esecuzione di una NP è rappresentata dalla compromissione delle funzioni di digestione e assorbimento.

Al gruppo delle patologie gastrointestinali appartengono condizioni che determinano aumentato transito intestinale, quali la diarrea grave protratta o la diarrea intrattabile, maldigestione, quali la fibrosi cistica e la pancreatite acuta, malassorbimento, ad esempio la malattia di Crohn e la rettocolite ulcerosa. Bisogna inoltre ricordare la pseudostruzione intestinale cronica, l'enterocolite necrotizzante, l'enterite attinica, le enteropatie vascolari e la linfangectasia intestinale, che comportano un'alterazione della motilità intestinale. Tra le patologie gastrointestinali di interesse chirurgico vi sono la sindrome dell'intestino corto, le malformazioni gastrointestinali congenite (atresie, malrotazioni, difetti della parete addominale, ernia diaframmatica, fistola tracheoesofagea), il morbo di Hirschprung, l'atresia delle vie biliari, le alterazioni che richiedono un'enterostomia prossimale o che comportano una fistola enterocutanea.

Le patologie extraintestinali con indicazione alla NP sono rappresentate da condizioni cliniche che comportano un rischio di malnutrizione; in questo caso l'indicazione alla NP è quindi di tipo nutrizionale. Tra queste ricordiamo la prematurità, le patologie oncologiche, il trapianto di midollo osseo, le ustioni, le sepsi, i traumi, le patologie cerebrali e neuromuscolari, l'anoressia nervosa, l'AIDS in fase avanzata. Alla NP spesso si ricorre nel periodo pre o post-operatorio o in pazienti che richiedono un supporto respiratorio prolungato.

Vi sono infine condizioni cliniche in cui l'indicazione alla NP è di tipo terapeutico-farmacologico, quali l'insufficienza renale o epatica; in questi si parla di farmaconutrizione in quanto l'obiettivo della NP è fornire determinati nutrienti al fine di controllare particolari condizioni metaboliche dell'organismo.

Nella Tabella 8.1 sono riportati i reparti presso l'Ospedale Infantile Regina Margherita di Torino in cui è stata impiegata la NP e il numero di sacche infuse nel triennio 2006-2008.

Tabella 8.1 Impiego della NP nel triennio 2006-2008 presso l'Ospedale Infantile Regina Margherita di Torino

Reparto	N° sacche NP	Percentuale sacche NP
Neonatologia e terapia intensiva neonatale	12784	46,2%
Rianimazione e rianimazione cardiochirurgica	5805	21,0%
Oncoematologia	3918	14,1%
Chirurgia neonatale	1730	6,2%
Pediatria generale	658	2,4%
Chirurgia pediatrica	650	2,3%
Gastroenterologia	524	1,9%
Cardiochirurgia	410	1,5%
Pneumologia	348	1,2%
Nefrologia	306	1,1%
Neuropsichiatria	243	0,9%
Neurochirurgia	173	0,6%
Cardiologia	92	0,3%
Urologia	18	0,06%
Otorinolaringoiatria	13	0,05%
Totale	**27672**	**100%**

8.2 Sindrome dell'intestino corto

Con il termine di intestino corto si indicano quelle condizioni patologiche di alterazione delle funzioni assorbitive e della motilità intestinali conseguenti a una ridotta lunghezza dell'intestino per danno anatomico o funzionale.

Le cause di intestino corto sono rappresentate principalmente da patologie che richiedono un intervento chirurgico di resezione intestinale e si possono distinguere in congenite o acquisite: tra le congenite, le più frequenti sono l'atresia intestinale, la gastroschisi, l'estrofia vescicale, il volvolo del piccolo intestino, la peritonite fetale, il morbo di Hirschsprung. Insorgono invece nel periodo postnatale l'enterocolite necrotizzante, le neoplasie retroperitoneali, i traumi addominali, le malattie infiammatorie croniche intestinali, le trombosi vascolari e il volvolo del piccolo intestino.

La sindrome si realizza per la carenza di più del 50% del piccolo intestino; tuttavia, per una più corretta determinazione del quadro di insufficienza intestinale, è essenziale non solo la valutazione della lunghezza del tratto intestinale residuo, ma soprattutto la valutazione della sua funzionalità. I principali fattori correlati alle capacità funzionali residue sono la presenza della valvola ileo-cecale, l'età di esordio della sindrome, il tipo di tratto intestinale residuo (l'ileo ad esempio dimostra capacità adattative maggiori rispetto al digiuno), l'interessamento del colon nella resezione (che determina una variazione nell'assorbimento di acqua e sali).

A livello fisiopatologico si determina un progressivo malassorbimento di sostanze nutritive, acqua, elettroliti e oligoelementi, legato al deficit di superficie intestinale assorbitiva. Oltre a ciò si verificano alterazioni della motilità intestinale, che influiscono anch'esse sui processi assorbitivi e digestivi. A livello clinico tali alterazioni si manifestano con diarrea, sia steatorrea da malassorbimento dei grassi che diarrea osmotica da eccesso di carboidrati non digeriti nel lume intestinale, ipersecrezione acida gastrica con ulcera peptica e malattia da reflusso gastro-esofageo, litiasi biliare e renale, da alterato circolo entero-epatico degli acidi biliari e perdita fecale di calcio, osteopenia secondaria e "overgrowth batterico" con possibile conseguente lattico-acidosi. Dunque la carenza di macro e micronutrienti comporta un importante rischio di sviluppo di malnutrizione e arresto di crescita: pertanto risulta essenziale in questi pazienti la nutrizione artificiale.

Nella prima fase post-operatoria è indicata la NP totale. Nei primi giorni di vita è opportuno mantenere l'equilibrio idroelettrolitico con soluzioni glucosate ed elettrolitiche, insieme a oligoelementi e vitamine. Nei giorni successivi si può incrementare l'apporto calorico con soluzioni lipidiche. Dagli anni '70 è stata introdotta la terapia nutrizionale parenterale domiciliare che ha permesso un notevole miglioramento della qualità di vita di pazienti e familiari. I pazienti con meno di 20 cm di piccolo intestino residuo sono dipendenti dalla NP e sono candidati al trapianto di intestino. Nei pazienti con più di 20 cm di intestino può essere valutata la possibilità di svezzamento dalla nutrizione artificiale. Infatti, l'obiettivo primario nella gestione dei pazienti con sindrome da intestino corto deve essere quello di un precoce svezzamento dalla NP, allo scopo di garantire un migliore adattamento dell'intestino residuo. La presenza della valvola ileo-ciecale, del colon o di ileo residuo e lo stato del piccolo intestino influenzano il periodo di tempo necessario per raggiungere l'autonomia intestinale. La nutrizione enterale, realizzata nel primo periodo mediante sondino naso-gastrico o gastrostomia, si avvale all'inizio di idrolisati proteici. Evidentemente il passaggio dalla NP a quella enterale deve essere graduale e adattato alla tollerabilità del singolo paziente, ricercando, e se possibile limitando, le complicanze tipiche della patologia e della NP protratta, quali l'epatopatia colestatica, gli episodi settici da catetere venoso centrale, le alterazioni del metabolismo glucidico, proteico e lipidico [3, 4].

La sopravvivenza dei pazienti con sindrome da intestino corto è notevolmente migliorata negli anni, ma tuttora sono possibili casi di dipendenza dalla NP fino a dover porre l'indicazione al trapianto intestinale [5].

8.3 Diarrea intrattabile

La diarrea intrattabile viene definita come una diarrea severa con perdite liquide di 50-400 ml/kg/die della durata superiore a due settimane e con alterazioni istologiche della mucosa intestinale a insorgenza nei primi due anni di vita, associata a una compromissione dello stato nutrizionale. Questa manifestazione clinica consegue a numerosi e differenti quadri patologici, classificati nel 1998 dall'ESPGHAN in forme a esordio precoce da alterazione dell'enterocita (la diarrea sindromica, la displasia epiteliale, l'atrofia congenita dei microvilli e i difetti di trasporto intestinale), forme più tardive immuno-mediate (l'enteropatia immune e auto-immune) e forme senza atrofia dei villi intestinali. Altre condizioni morbose che si possono associare a diarrea intrattabile sono la sindrome post-enteritica, la linfangectasia intestinale, la malattia di Hirschprung, l'enteropatia eosinofila.

Il danno intestinale presente in tutte queste patologie provoca un notevole rischio di malnutrizione con alterazioni dell'equilibrio idro-elettrolitico e della crescita del bambino. La terapia nutrizionale preferibile sarebbe quella enterale per le minori complicanze, un più rapido miglioramento della funzionalità degli enterociti e della diarrea e una riduzione dei tempi di ospedalizzazione. Nonostante ciò spesso è necessaria la NP nelle forme più gravi, quali l'atrofia congenita dei microvilli o le forme autoimmuni o tutte le condizioni con importante insufficienza intestinale, che hanno come unica possibilità di terapia definitiva il trapianto intestinale [6].

8.4 Malattie epatobiliari

Nelle malattie epatiche la malnutrizione severa (peso e/o altezza <2DS dalla media) con perdita delle riserve lipidiche e della massa muscolare è di frequente riscontro (circa 60% dei casi), in considerazione dell'importante ruolo del fegato nel metabolismo di proteine, carboidrati, lipidi. Il malassorbimento dei lipidi, in particolare, è quello più rappresentato e si verifica soprattutto in seguito a patologie colestatiche. I pazienti a maggior rischio di malnutrizione sono quelli di età inferiore a 2 anni o con colestasi severa o malattia epatica progressiva, quale l'atresia delle vie biliari o l'epatite severa neonatale, o in attesa di eseguire il trapianto di fegato. Nei soggetti con epatopatie è necessario assicurare una quota calorica superiore rispetto a quella necessaria in soggetti sani di pari età, in relazione all'aumento del fabbisogno energetico basale. Secondo studi condotti in pazienti pediatrici è opportuno che l'apporto energetico sia pari al 140-200% rispetto a quello raccomandato. La via orale è da preferire nell'alimentazione di questi pazienti e quando non realizzabile si può utilizzare la via enterale con sondino naso-gastrico (che non risulta controindicato nei soggetti con varici esofagee) o anche mediante gastrostomia se sono previsti tempi di alimentazione prolungati. La quota di lipidi deve essere incrementata fino a 8 g/kg/die; dal momento che il 98% di trigliceridi a catena media (MCT) è assorbito anche in presenza di malattia epatica colestatica, è indicato somministrare il 30-50% di MCT. La quota proteica può essere incrementata fino a 3-4 g/kg/die e quella di carboidrati fino a 20 g/kg/die. È importante la supplementazione di vitamine liposolubili, oligoelementi e acidi grassi essenziali. In presenza di ascite in pazienti con cirrosi è essenziale una dieta restrittiva di liquidi e sodio [7].

La NP, che ristabilisce con più rapidità ed efficacia un corretto apporto calorico e di nutrienti, è indicata esclusivamente in casi selezionati di difficoltà alla nutrizione enterale o nelle fasi postoperatorie, come ribadito nel 2001 dall'*American Gastroenterological Association*, anche per il rischio di aumento del danno epatico che tale tipo di nutrizione può provocare [8]. Viene impiegata anche nei casi di diarrea persistente o di intolleranza all'alimentazione per via orale o enterale. Una NP di breve durata viene utilizzata in caso di complicazioni, quali la sepsi intraddominale, il sanguinamento dalle varici e l'insufficienza epatica, che si associano ad aumento del catabolismo e della perdita di peso.

Nel quadro clinico dell'insufficienza epatica acuta si consiglia un approccio nutrizionale precoce per via parenterale con un apporto proteico limitato, soprattutto per ridurre il rischio di encefalopatia epatica. Pertanto, le principali linee guida internazionali consigliano apporti proteici da 1 a 1,5 g/kg/die nei lattanti e da 0,5 a 1 g/kg/die in bambini e adolescenti. È opportuno attuare una limitazione della somministrazione di aminoacidi aromatici, incrementando al contrario l'assunzione di quelli a catena ramificata (allo scopo di migliorare il bilancio azotato). Dal momento che l'ipokaliemia può incrementare la sintesi renale di ammonio, è necessario provvedere a un adeguato apporto di potassio per limitare tale problema.

Anche nel trapianto di fegato lo stato nutrizionale pretrapianto è un fattore determinante la morbilità e mortalità, pertanto occorre garantire un adeguato apporto calorico e di nutrienti, ricorrendo in alcuni casi alla NP.

8.5 Malattie infiammatorie croniche intestinali

Le malattie croniche intestinali sono la colite ulcerosa e il morbo di Crohn; la flogosi intestinale presente in tali condizioni può avere come frequente complicanza la malnutrizione con conseguente indicazione al supporto nutrizionale.

L'approccio è differente nelle due patologie, in quanto la compromissione dello stato di nutrizione risulta essere più rilevante e precoce nei casi di morbo di Crohn. Pertanto tratteremo separatamente i due quadri patologici.

- Morbo di Crohn: un corretto trattamento nutrizionale è essenziale non solo per correggere la malnutrizione ma anche per indurre remissioni più durature, permettendo di ridurre la dose di corticosteroidi da assumere come terapia di mantenimento [9]. La NP viene riservata ai pazienti con insufficienza intestinale grave acuta per occlusioni intestinali, fistole, stenosi, emorragie intestinali e nelle fasi pre e post intervento chirurgico. Negli altri casi è da preferire la prescrizione di una dieta elementare o semi-elementare o polimerica per via orale o enterale, con apporto iperproteico e ipercalorico (consigliate quote del 150% rispetto agli apporti raccomandati per pari età). La via enterale è più indicata nelle fasi attive della malattia e per somministrare diete poco palatabili, quali quelle elementari. Le diete polimeriche risultano più palatabili e di pari efficacia rispetto a quelle elementari ed entrambe sono risultate in più studi alla pari per effetto positivo sulla remissione della patologia rispetto alla corticoterapia nell'età pediatrica, soprattutto in considerazione degli effetti collaterali della terapia cortisonica su organismi in crescita [10, 11].
- Colite ulcerosa: la malnutrizione in questa condizione patologica è meno frequente e meno grave che nel morbo di Crohn ed è più presente tanto maggiore è l'estensione dell'intestino interessato dalla flogosi. La NP è necessaria nei pazienti con megacolon tossico, emorragie gastrointestinali gravi, nel periodo precedente e seguente gli interventi chirurgici di resezione intestinale. In tali casi lo scopo è quello di mantenere il riposo intestinale e correggere le carenze nutrizionali. Al contrario che nel morbo di Crohn, la nutrizione enterale trova nella colite ulcerosa scarsa applicazione clinica.

8.6 Pancreatite

Il trattamento della pancreatite acuta lieve o moderata prevede la sospensione dell'alimentazione per 3-5 giorni, accompagnata dalla somministrazione di liquidi per via endovenosa e terapia antidolorifica.

Nelle forme di pancreatite acuta di lunga durata o ricorrente e nella pancreatite cronica diventa importante il supporto nutrizionale. La maggior parte degli studi sulla nutrizione in corso di pancreatite sono stati condotti nella popolazione adulta; la nutrizione enterale sembra accompagnarsi ad un minor numero di infezioni, interventi chirurgici e giorni di ricovero ospedaliero, a fronte di uguali mortalità e numero di complicanze non infettive rispetto alla NP [12].

Per la nutrizione enterale sembra essere efficace la somministrazione di una formula idrolizzata ad alto contenuto proteico e basso contenuto lipidico tramite sondino naso-digiunale.

8.7 Neoplasie

Nella presa in carico globale di un paziente in età pediatrica affetto da neoplasia la valutazione dello stato nutrizionale è fondamentale, anche per l'influenza che una sua alterazione esercita nei confronti della risposta alla chemioterapia e alla radioterapia, dell'insorgenza di complicanze infettive, dell'accrescimento e della qualità della vita [13]. Dal momento che nei bambini le patologie tumorali si manifestano spesso con carattere più acuto rispetto a quelle tipiche dell'età adulta, e le forme interessanti l'apparato digerente sono rare (linfomi B, tumori del fegato soprattutto), è relativamente meno frequente uno stato di grave malnutrizione proteico-calorica all'esordio della neoplasia. Le alterazioni nutrizionali risultano invece più evidenti durante la terapia antitumorale e molto frequenti nella fase terminale.

Statistiche diverse indicano una percentuale di insorgenza di malnutrizione nei pazienti pediatrici con neoplasie variabile tra il 5 e il 50%, con frequenza più elevata in tumori in stadio avanzato e in alcune tipologie tumorali (ad esempio il neuroblastoma, il linfoma, il sarcoma di Ewing, il tumore di Wilms). Le cause responsabili dei problemi nutritivi sono legate sia alla malattia stessa che alle terapie adottate [14]. Le neoplasie accelerano nell'organismo il metabolismo di lipidi, glicidi, proteine, con conseguenti acidosi lattica, accumulo di acidi grassi e chetosi. Inoltre, il tumore produce numerose citochine e altri mediatori che concorrono allo sviluppo di condizioni di cachessia neoplastica. I farmaci antineoplastici sono spesso determinanti nell'instaurarsi della compromissione nutrizionale per tutti i loro effetti collaterali, tra i quali ricordiamo l'anoressia, i disturbi gastrointestinali, la mucosite, il danno funzionale renale ed epatico. La terapia radiante per tumori a livello addominale o pelvico può determinare una quadro di enterite attinica, che compromette le funzioni intestinali di assorbimento.

Il supporto nutrizionale va sicuramente attivato nei casi in cui sia riscontrato un danno al tratto gastroenterico (diretto o legato alla terapia antiblastica) o quando vi sia un ridotto apporto di sostanze nutritive, in rapporto alle esigenze nutrizionali di soggetti di pari età, considerando in aggiunta le maggiori richieste in tali pazienti in relazione allo stato ipercatabolico.

Per decidere l'approccio nutrizionale più corretto una recente revisione ha proposto di distinguere i pazienti in alto o basso rischio di malnutrizione in relazione alla patologia. Si considerano a basso rischio i pazienti con tumori non in fase metastatica, con leucemia linfoblastica a buona prognosi e con tumori in remissione. Sono invece pazienti ad alto rischio quelli affetti da tumori solidi in fase avanzata (ad esempio tumore di Wilms o neuroblastomi in stadio III o IV), rabdomiosarcomi pelvici, sarcoma di Ewing e recidive di leucemie linfoblastiche [15].

In pazienti con buono stato nutrizionale e con malattia in remissione o in fase di mantenimento è possibile avvalersi della nutrizione per via orale anche mediante integratori energetici e minerali. La via enterale attraverso sondino naso-gastrico trova applicazione in casi selezionati di soggetti senza alterazioni del tratto gastrointestinale, ma solitamente è poco utilizzata per le possibili complicanze emorragiche e infettive e per la scarsa compliance in pazienti con stomatite e mucosite.

Dato che i pazienti oncologici hanno solitamente un catetere venoso centrale posizionato a scopi terapeutici e di follow up ematologico, l'approccio nutrizionale mediante la via parenterale è quello più utilizzato nella pratica clinica. In letteratura non sono riportati studi che abbiano come scopo primario la valutazione dell'effetto della nutrizione artificiale sulla progressione della malattia o viceversa sulla sopravvivenza libera dalla malattia, ma è opinione diffusa che il mantenimento di un buono stato nutrizionale non solo non favorisca la crescita neoplastica, ma migliorando la compliance alla chemio/radioterapia migliori l'outcome dei pazienti.

È effettuabile anche una NP totale a domicilio, ma c'è discussione per individuare i soggetti ai quali destinarla. La decisione andrebbe infatti analizzata in base alle caratteristiche del singolo paziente e della sua situazione clinica. Ci sono pareri concordi nel ritenere che tale nutrizione debba essere considerata in pazienti con aspettativa di vita superiore a dodici settimane.

8.8 Trapianto di midollo osseo

I pazienti sottoposti a trapianto di midollo osseo dopo la fase chemio o chemio-radioterapica di condizionamento attraversano una fase altamente catabolica accompagnata da alterazioni della mucosa intestinale spesso importante (mucositi) e del fegato che richiedono un supporto nutrizionale parenterale per almeno 2-3 settimane. Nel caso in cui il paziente sviluppi una *graft-versus-host-disease* (GVHD) intestinale con profusa diarrea, la NP deve essere continuata fino alla risoluzione del quadro. La NP trova anche indicazione nei pazienti con gravi stati settici con o senza coinvolgimento intestinale [16].

8.9 Il paziente critico

I bambini sottoposti a terapia intensiva sono soggetti a un importante stress metabolico che influisce in modo rilevante sul loro stato nutrizionale. Si stima che almeno il 20% di tali pazienti sia a rischio di sviluppo di malnutrizione proteico-calorica, anche a breve distanza temporale dall'evento acuto. Un adeguato approccio nutrizionale è pertanto essenziale per limitare la morbilità e la mortalità. Un danno tessutale o d'organo acuto provoca alterazioni nei fabbisogni energetici, con aspetti peculiari nell'infanzia. Innanzitutto si attiva una condizione di catabolismo delle riserve endogene di proteine, carboidrati e lipidi necessaria a mobilizzare i substrati per la risposta allo stress. In questa fase viene sottratta all'accrescimento corporeo la quota energetica destinata a tal fine in condizioni normali. La riduzione della spesa energetica è attribuibile anche al fatto che i pazienti in Unità Intensiva sono spesso sottoposti a sedazione e a respirazione assistita. Questi fattori comportano una riduzione dell'attività cerebrale e motoria, un minor sforzo muscolare respiratorio, una limitazione delle perdite caloriche insensibili per la ventilazione con aria umidificata e la termoregolazione stabile dell'ambiente esterno. La spesa energetica presenta delle variazioni in base alla patologia motivo del ricovero, in quanto risulta maggiore nei pazienti sottoposti a intervento chirurgico, mentre si riduce in pazienti che presentano trauma cranico, sepsi e insufficienza respiratoria.

In fase acuta ipercatabolica si apprezzerà una riduzione della prealbumina e un aumento della proteina C-reattiva e della perdita urinaria di azoto; mentre un'inversione nell'andamento di tali parametri è indice di ripresa dei processi anabolici.

Nella popolazione di soggetti in età pediatrica affetti da patologia acuta per cui si richiede assistenza intensiva non sono stati condotti studi di confronto di efficacia tra un approccio nutrizionale per via enterale o per via parenterale. Studi effettuati in pazienti adulti hanno dimostrato dei vantaggi in termini di miglioramento dello stato nutrizionale e di minor insorgenza di complicanze a favore dell'alimentazione per via enterale. Le linee guida dell'American Society for Parenteral and Enteral Nutrition pubblicate nel 2002 raccomandano, con un'evidenza di grado B, nella pratica clinica di preferire la nutrizione per via enterale (tramite sondino naso- o oro-gastrico o per via digiunale) nel caso in cui le condizioni cliniche del paziente e il suo stato funzionale intestinale lo permettano [2]. Viceversa, quando l'approccio enterale non è praticabile o non è tollerato, dopo 3-5 giorni è opportuno impostare una terapia nutrizionale parenterale.

La composizione ideale delle soluzioni per la NP dovrebbe comprendere un'alta concentrazione di aminoacidi inclusi glutamina, cisteina e arginina, un moderato contenuto di glicidi, acidi grassi polinsaturi ω3 come fonte principale di lipidi, vitamine e oligominerali antiossidanti. Sono stati pubblicati studi riguardo alla somministrazione di glutamina e arginina, aminoacidi che risultano ridotti in caso di patologie acute gravi e nella risposta infiammatoria, e di agenti antiossidanti. I risultati di tali studi necessitano comunque di conferme su più ampie popolazioni di pazienti, in particolare in ambito pediatrico [17].

8.10 Altre patologie

8.10.1 Allergie alimentari

L'allergia alimentare rappresenta un importante problema di salute in età pediatrica poiché interessa il 6-8% dei bambini nei Paesi sviluppati. Fin dai primi mesi di vita il lattante può presentare allergia/intolleranza alle proteine del latte vaccino (APLV/IPLV) o pluriallergia alimentare con manifestazioni cliniche cutanee e gastrointestinali di gravità variabile, fino a quadri di importante flogosi cronica della mucosa intestinale; ciò comporta una situazione di malassorbimento e conseguente malnutrizione, che possono essere aggravati da un concomitante quadro di proteinodispersione da estesa diffusione della malattia cutanea [18]. Oltre a ciò, uno stato di malnutrizione da causa iatrogena si può riscontrare in soggetti a cui viene prescritta una dieta di esclusione non bilanciata per apporto calorico e di nutrienti. Nell'approccio al bambino con APLV bisogna tenere conto del fatto che l'80-85% circa dei bambini con APLV raggiunge la tolleranza verso i 3 anni e che il 35% sviluppa negli anni una sensibilizzazione a più allergeni alimentari.

L'approccio dietetico nel lattante affetto da allergia alle proteine del latte vaccino prevede l'esclusione dell'allergene per un periodo variabile di tempo, ricorrendo alla somministrazione di sostituti del latte vaccino, quali formule a base di idrolisati estensivi di caseina e sieroproteine, formule derivate dalla soia o dal riso, latte di capra o di asina e formule elementari costituite da miscele di aminoacidi. Nel lattante con APLV si ricorre alla NP in casi selezionati e per periodi limitati, ovvero in presenza di un'atrofia intestinale diffusa, al fine di consentire il riposo della mucosa intestinale e il ripristino di un corretto assetto nutrizionale.

Nel bambino con pluriallergia alimentare si ricorre a una dieta oligoallergenica mirata sulla base della storia clinica e degli esami allergologici, in modo comunque da garantire un adeguato apporto calorico, di vitamine e oligoelementi con una corretta distribuzione tra carboidrati, proteine e lipidi. Anche in tale caso si ricorre alla NP in casi selezionati e per periodi limitati [19].

8.10.2
Anoressia nervosa

L'anoressia nervosa (AN) è una malattia cronica caratterizzata da grave malnutrizione secondaria alla patologia psichica. L'approccio al bambino con AN è di tipo multidisciplinare e prevede un intervento di tipo medico e psicologico a cui è necessario affiancare una riabilitazione nutrizionale. La correzione dello stato di malnutrizione è importante anche ai fini del successo dell'approccio psicoterapeutico. La malnutrizione che si osserva nei pazienti con AN è di tipo adattativo-ipometabolica, in quanto, data l'assenza di insufficienze d'organo e la graduale e selettiva riduzione degli apporti alimentari, si raggiunge un'importante riduzione della massa corporea pur mantenendo un relativo equilibrio metabolico: si ha una riduzione della componente metabolicamente attiva, vengono rallentati i meccanismi di eliminazione e favoriti quelli di ritenzione.

Nell'approccio al soggetto con AN viene generalmente proposto in prima battuta un intervento nutrizionale naturale, controllando che vengano assunti alimenti appartenenti a di tutte le principali categorie alimentari e guidando le scelte su cibi ad alto contenuto calorico. Un altro tipo di intervento nutrizionale per via orale è rappresentato dalle diete speciali, ovvero le diete complesse e polimeriche. Nella riabilitazione nutrizionale dei soggetti con AN, in caso di grave malnutrizione o di compromissione funzionale dei vari organi, si ricorre alla nutrizione artificiale, sia di tipo enterale che parenterale. Occorre tenere conto del fatto che negli interventi nutrizionali artificiali, rispetto agli interventi dietetici per via orale, sia con diete naturali che con diete speciali, al momento della rialimentazione è maggiore il rischio di "sindrome da refeeding", reazione dell'organismo malnutrito a una troppo rapida ripresa delle attività metaboliche. La nutrizione enterale consente un miglioramento dello stato nutrizionale, ma spesso viene rifiutata dai pazienti con AN poiché si accompagna a sintomi dispeptici e può esacerbare il disturbo del comportamento alimentare stesso; pertanto vi sono opinioni divergenti sul ricorso a tale modalità di nutrizione come prima scelta nei pazienti con preservate funzioni gastrointestinali. È risultata efficace anche la nutrizione enterale notturna mediante sondino naso-gastrico. Alla NP si ricorre se vi è un rifiuto totale dell'alimentazione o in presenza di disfunzioni cardiache o gastrointestinali o di segni clinici e biochimici di grave disidratazione, al fine di correggere rapidamente gli squilibri metabolico e nutrizionale che mettono a rischio la vita del paziente. In alcuni casi la NP viene affiancata alla nutrizione orale quando questa non è in grado di fornire il corretto intake calorico. Anche per quanto riguarda la NP nei soggetti con AN, occorre fare riferimento a studi condotti prevalentemente nella popolazione adulta [20]. Tuttavia, la NP rappresenta una valida alternativa alla nutrizione tramite sondino nasogastrico anche in età pediatrica, in particolare nei soggetti adolescenti che spesso rifiutano tale modalità di alimentazione [21].

8.10.3
Fibrosi cistica

La fibrosi cistica (FC), malattia genetica causata da una mutazione nel gene CF che codifica per la proteina CFTR (*cystic fibrosis transmembrane conductance regulator*) e caratterizzata principalmente da insufficienza pancreatica con maldigestione di grassi e proteine e compromissione del tratto respiratorio, comporta un deficit calorico e nutrizionale per l'aumento del fabbisogno energetico a cui non fanno fronte un'adeguata introduzione di nutrienti e il loro assorbimento. Lo stato nutrizionale influenza la funzionalità polmonare e la sopravvivenza nei pazienti con FC. L'intervento nutrizionale prevede la somministrazione di una dieta ipercalorica (120-150% dell'apporto calorico raccomandato per età e sesso) con normale o alto apporto di grassi; è fondamentale la supplementazione di enzimi pancreatici e vitamine liposolubili. La maggiore richiesta energetica è legata soprattutto alla patologia respiratoria.

Nel lattante alimentato con latte materno è consigliato conservare tale tipo di alimentazione, mentre nel bambino allattato con latte artificiale viene impiegato il latte formulato standard accompagnato, ove necessario, dalla somministrazione di enzimi pancreatici; non è dimostrata una superiorità delle formule a base di idrolisati proteici [22]. Con l'avanzare della patologia polmonare o in presenza di disturbi del comportamento alimentare l'alimentazione orale non è sufficiente a garantire uno stato nutrizionale adeguato ed è quindi necessario ricorrere alla nutrizione enterale notturna o tramite enterostomia percutanea. La NP è invece consigliata durante i periodi di peggioramento delle condizioni generali del paziente, ad esempio per compromissione del quadro respiratorio, pancreatiti acute, gravi infezioni gastrointestinali o nel periodo precedente o successivo a terapia chirurgica o nei soggetti candidati a trapianto polmonare [23].

8.10.4 AIDS

Nei soggetti in età pediatrica affetti da AIDS un'alterazione dello stato nutrizionale è di frequente riscontro, anche in correlazione con la fase di evoluzione dell'infezione. La malnutrizione può condurre alla "wasting sindrome", una condizione di grave riduzione dell'accrescimento corporeo sia in termini di peso che di altezza. Nei pazienti con AIDS sono spesso evidenziabili deficit di elettroliti, di vitamine, di oligoelementi e di proteine plasmatiche. L'intervento di supporto nutrizionale deve essere precoce e può essere instaurato per via orale o per via enterale o per via parenterale in base alle caratteristiche cliniche del singolo paziente. La dieta deve essere ipercalorica e deve prevedere la supplementazione dei nutrienti eventualmente carenti. Solitamente si effettuano tentativi con alimentazione per via enterale tramite sondino nasogastrico o nasoduodenale o tramite gastrostomia percutanea se si prevedono tempi prolungati di terapia nutrizionale. La via parenterale è spesso necessaria nei pazienti in fase di AIDS conclamata [24].

8.10.5 Malattia celiaca

La malattia celiaca è un'intolleranza permanente al glutine caratterizzata da un'enteropatia e da manifestazioni cliniche ad essa correlate che si risolvono con l'esclusione del glutine dalla dieta. La malnutrizione è spesso osservabile al momento della diagnosi in conseguenza del malassorbimento da alterazione della mucosa intestinale. Nei primi due anni di vita la malattia celiaca si presenta più frequentemente con sintomi intestinali, quali diarrea cronica, distensione addominale e vomito; in questa fascia d'età sono di comune osservazione anche anoressia, irritabilità, ipotrofia muscolare, appiattimento o deflessione della curva di crescita ponderale. Nelle età successive prevalgono invece sintomi extraintestinali, quali anemia da deficit di ferro e acido folico, bassa statura, ritardo puberale. Nella maggior parte dei casi la dieta priva di glutine può essere condotta per via orale già dalle prime fasi della malattia. La nutrizione artificiale assume un ruolo importante nei pazienti di età inferiore ai due anni di età, in cui la malattia si presenta all'esordio in maniera acuta con diarrea profusa, decadimento delle condizioni generali, disidratazione, alterazioni elettrolitiche e shock ipovolemico (la cosiddetta "crisi celiaca"). In tale condizione la NP viene utilizzata al fine di garantire il riposo funzionale della mucosa intestinale danneggiata, ritornando successivamente all'alimentazione per via orale direttamente o attraverso una fase di assunzione di idrolisati per via enterale [6].

8.10.6 Nefropatie

Le patologie nefrologiche in età pediatrica causano spesso squilibri nutrizionali e ritardo di crescita e richiedono quindi accanto alla terapia farmacologica un adeguato intervento dietetico.

Nei pazienti con insufficienza renale cronica (IRC) una condizione di scarso accrescimento si presenta più spesso e in maniera più severa nei bambini con anomalie renali congenite e in quelli in cui la compromissione della funzionalità renale si presenta prima dei due anni di età. Le cause della malnutrizione proteico-calorica osservata in tali pazienti sono rappresentate da inadeguata assunzione di alimenti, perdita tramite la dialisi di proteine, aminoacidi, vitamine e altri nutrienti essenziali, alterazioni ormonali e metaboliche, stato catabolico associato all'uremia e alle infezioni intercorrenti. Contribuiscono allo scarso accrescimento anche l'acidosi metabolica cronica, l'osteodistrofia renale e la carenza di ormone della crescita. Il controllo della dieta è uno dei nodi terapeutici fondamentali, in particolar modo l'apporto proteico richiede un'attenta valutazione dal punto di vista quantitativo e qualitativo, e non va generalmente ristretto rispetto alle indicazioni RDA. È importante garantire anche un adeguato apporto calorico e per fare ciò spesso si ricorre a integratori alimentari ipercalorici, all'aggiunta nella dieta di grassi polinsaturi, di carboidrati complessi o di MCT. Nella dieta occorre inoltre in genere effettuare una restrizione dell'apporto di potassio e fosforo. In genere nelle insufficienze renali anche gravi l'omeostasi del sodio è conservata, pertanto è di solito ben tollerato un apporto con la dieta di 2 mEq/kg/die. Invece il calcio, in associazione alla diidrossivitamina D_3, va sempre supplementato nella dieta dei bambini con IRC, in quanto vi è un ridotto riassorbimento intestinale.

Nel caso in cui non si riesca a fornire un adeguato apporto calorico si ricorre, soprattutto nella prima infanzia, a un'alimentazione enterale notturna mediante sondino nasogastrico. Si ricorre invece alla NP qualora poi ci si trovi di fronte ad una situazione di grave anoressia, reflusso gastroesofageo o vomito incoercibile; anche in tale caso è di fondamentale importanza controllare l'apporto proteico, calorico e di elettroliti, in particolar modo del potassio [25, 26].

Nell'insufficienza renale acuta (IRA) è importante fornire un adeguato apporto nutrizionale al fine di limitare l'ipercatabolismo. Spesso è necessario praticare una restrizione idrica, sodica e di potassio, e fornire una dieta ipercalorica; l'apporto proteico minimo deve essere rispettato. Nei casi in cui l'alimentazione per via orale non è sufficiente per assicurare una nutrizione adeguata si ricorre alla nutrizione enterale tramite sondino naso gastrico e alla NP [27, 28].

Anche in seguito al trapianto di rene si ricorre alla NP quando l'alimentazione per bocca o per via enterale non è in grado di fornire la corretta quantità di calorie e proteine, tale da far fronte al rischio di malnutrizione proteico-calorica che può presentarsi in particolar modo nelle prime 3-4 settimane dopo il trapianto [29].

8.10.7 Cardiopatie

I pazienti con cardiopatie congenite sono a rischio di sviluppare alterazioni del bilancio energetico. Spesso tali bambini presentano un normale peso alla nascita in relazione all'età gestazionale, ma nei mesi successivi possono manifestare scarso accrescimento e problemi nutrizionali. L'instaurarsi di uno stato di malnutrizione dipende in particolare dal tipo e dalla gravità del danno cardiaco, dall'eventuale presenza di patologie riguardanti altri organi e apparati associate o l'associazione con malattie genetiche come la sindrome di Down o la sindrome di Turner. Lo stato nutrizionale dei bambini affetti da tali patologie può influire sulle decisioni riguardanti l'intervento chirurgico correttivo, sia in termini di tipo di intervento più opportuno sia in termini di tempistica per attuarlo. Una condizione di malnutrizione infatti comporta un aumento di morbidità e mortalità nel pre e nel post-chirurgico. Se l'intervento chirurgico correttivo è efficace alcuni mesi dopo si assiste a una normalizzazione dell' accrescimento ponderale, mentre è necessario spesso anche un anno per recuperare normali livelli di altezza e circonferenza cranica. Il supporto nutrizionale in tali pazienti è essenziale per limitare lo stato di malnutrizione e quindi le sue possibili complicanze. Innanzitutto è necessario un accurato bilancio idrico quotidiano da confrontare con il monitoraggio emodinamico. L'approccio nutrizionale può essere di tipo enterale o parenterale; quest'ultimo è consigliabile in particolare nei periodi precedenti e immediatamente successivi all'intervento cardiochirurgico o in base alle condizioni cliniche del paziente e all'eventuale associazione con patologie gastrointestinali. Solo al raggiungimento di uno stato emodinamico stabile è possibile considerare l'opportunità di iniziare una nutrizione interamente per via orale [30].

8.10.8 Cerebropatie

I bambini con patologie croniche del sistema nervoso centrale, quali paralisi cerebrali infantili, malattie neuromuscolari o encefalopatie progressive, presentano spesso problematiche nutrizionali e di accrescimento. Queste sono dovute principalmente ad alterazioni della masticazione, della deglutizione e della dinamica respiratoria, o alla presenza di reflusso gastro-esofageo, ritardato svuotamento gastrico e stipsi. Inoltre, contribuisce al deficit nutrizionale l'assunzione di farmaci che interferiscono con l'assorbimento di nutrienti essenziali. È consigliabile utilizzare nella valutazione nutrizionale di tali pazienti tabelle di crescita di riferimento appropriate; sono ad esempio disponibili quelle per soggetti con trisomia del cromosoma 21, sindrome di Prader-Willi, sindrome di Turner e di Williams. La presenza di una disfunzione motoria comporta una modificazione nella valutazione dell'adeguato apporto energetico individuale. Nei bambini di età compresa tra 5 e 11 anni con deficit motorio di gravità da lieve a moderata il fabbisogno energetico appropriato è stimato intorno a 14 kcal/cm, mentre è pari a 11 kcal/cm in caso di grave ritardo neuromotorio. Nelle forme di paralisi cerebrale atetosiche è richiesto un maggiore apporto calorico, stimabile intorno a 6000 kcal/die [31].

La terapia nutrizionale artificiale costituisce parte integrante dell'assistenza a tali pazienti. La scelta della via di somministrazione (enterale o parenterale) deve essere stabilita sulla base delle condizioni cliniche del singolo soggetto, in particolare con l'obiettivo primario del mantenimento della migliore qualità di vita possibile in relazione alla prognosi spesso infausta in tali patologie. Quando l'alimentazione orale non è in grado di fornire l'adeguato apporto nutrizionale si ricorre alla nutrizione enterale, mantenendo il più a lungo possibile le abilità di alimentazione per bocca. La NP è indicata invece in presenza di malassorbimento, aspirazione o vomito cronico intrattabile.

8.10.9 Diabete

L'American Diabetes Association ha stabilito delle linee guida riguardanti i pazienti diabetici in età pediatrica e ha individuato i fabbisogni di nutrienti per tali soggetti [32]. Nei pazienti con diabete non è di comune osservazione il ricorso a un approccio nutrizionale per via parenterale, ma tale tipo di nutrizione viene praticato in soggetti diabetici con concomitanti patologie gastrointestinali o nel periodo pre o post interventi chirurgici. Nella pratica clinica nei pazienti alimentati mediante NP per ogni grammo di glicidi presenti nell'infusione è aggiunta una dose di 0,1 mg di insulina regolare. A questa dose si verificano raramente episodi ipoglicemici e in certi pazienti o in particolari condizioni è necessario supplementare una maggior dose insulinica onde raggiungere un accettabile valore di glicemia. In caso invece di alimentazione per via enterale, si utilizzano più spesso boli di insulina a più breve durata d'azione, sostituita in seguito da insulina intermedia quando si passa a un'alimentazione per via orale.

8.10.10 Errori congeniti del metabolismo

La terapia nutrizionale è un elemento fondamentale per un corretto approccio terapeutico ai bambini affetti da patologie metaboliche congenite. In tali patologie i deficit enzimatici responsabili causano alterazioni delle normali vie metaboliche con carenza di metaboliti a valle del blocco enzimatico e accumulo di sostanze tossiche sintetizzate mediante vie alternative. Pertanto, un corretto approccio nutrizionale in tali condizioni patologiche deve necessariamente fornire i metaboliti carenti e limitare l'apporto delle sostanze delle quali risulta alterato il metabolismo. Per ottimizzare il supporto nutrizionale sono stati formulati protocolli specifici per alcuni dei disordini metabolici di più frequente riscontro. In alcune di queste patologie la dieta di eliminazione o di sostituzione costituisce l'unico possibile presidio terapeutico eziologico. L'intervento nutrizionale può essere attuato mediante la terapia enterale, in particolar modo in casi di scompenso metabolico acuto e ipoglicemie resistenti. La NP di solito è riservata a casi di gravità maggiore e per periodi di tempo limitati.

Bibliografia

1. AAVV (2002) Linee guida SINPE per la Nutrizione Artificiale Ospedaliera 2002. Rivista Italiana di Nutrizione Parenterale ed Enterale / Anno 20 S5, p. S1 Wichtig Editore

2. Guidelines for the Use of Parenteral and Enteral Nutrition in Adult and Pediatric Patients A.S.P.E.N. January–February 2002 Vol. 26, No. 1 Supplement, pp. 1SA–138SA
3. Piena-Spoel M, Sharman-Koendjbiharie M, Yamanouchi T, Tibboel D (2000) "Gut-feeling" or evidence-based approaches in the evaluation and treatment of human short-bowel syndrome. Pediatr Surg Int 16:155-164
4. González HF, Pérez NB, Malpeli A et al (2005) Nutrition and immunological status in long-term follow up of children with short bowel syndrome. JPEN J Parenter Enteral Nutr 29:186-191
5. Koehler AN, Yaworski JA, Gardner M et al (2000) Coordinated interdisciplinary management of pediatric intestinal failure: a 2-year review. J Pediatr Surg 35:380-385
6. Walker-Smith JA (1998) Nutritional management of enteropathy. Nutrition 14:775-779
7. Protheroe SM (1998) Feeding the child with chronic liver disease. Nutrition 14:796-800
8. American Gastroenterological Association (2001) American Gastroenterological Association medical position statement: parenteral nutrition. Gastroenterology 121:966-969
9. Ruemmele FM, Roy CC, Levy E, Seidman EG (2000) Nutrition as primary therapy in pediatric Crohn's disease: fact or fantasy? J Pediatr 136:285-291
10. Zachos M, Tondeur M, Griffiths AM (2007) Enteral nutritional therapy for induction of remission in Crohn's disease. Cochrane Database of Systematic Reviews 24
11. Lochs H, Dejong C, Hammarqvist F et al; DGEM (German Society for Nutritional Medicine), Lübke H, Bischoff S, Engelmann N, Thul P (2006) ESPEN Guidelines on Enteral Nutrition: Gastroenterology. ESPEN (European Society for Parenteral and Enteral Nutrition). Clin Nutr 25:260-274
12. Marik PE, Zaloga GP (2004) Meta-analysis of parenteral nutrition versus enteral nutrition in patients with acute pancreatitis. BMJ 328:1407-1410
13. Barron MA, Pencharz PB (2007) Nutritional issues in infants with cancer. Pediatr Blood Cancer 49:1093-1096
14. Bechard LJ, Adiv OE, Jaksic T, Duggan C (2006) Nutritional supportive care. In: Pizzo PA, Poplack DG (ed) Principles and practice of pediatric oncology. Lippincott, Williams & Wilkins, Philadelphia, pp 1330-1347
15. Andrassy RJ, Chwals WJ (1998) Nutritional support of the pediatric oncology patient. Nutrition 14:124-129
16. Weisdorf SS, Schwarzenberg SJ (1999) Nutritional support of hematopoieic stem cell recipient. In: Thomas ED, Blume KG, Forman SJ (ed) Hemopoietic cell transplantation. Blackwell Science, Oxford, pp 723-732
17. Skillman HE, Wischmeyer PE (2008) Nutrition therapy in critically ill infants and children. JPEN J Parenter Enteral Nutr 32:520-534
18. Salvatore S, Hauser B, Devreker T et al (2008) Chronic enteropathy and feeding in children: an update. Nutrition 24:1205-1216
19. Noimark L, Cox HE (2008) Nutritional problems related to food allergy in childhood. Pediatr Allergy Immunol 19:188-195
20. Mehler PS, Weiner KA (1995) Treatment of anorexia nervosa with total parenteral nutrition. Nutr Clin Pract 10:183-187
21. Diamanti A, Basso MS, Castro M et al (2008) Clinical efficacy and safety of parenteral nutrition in adolescent girls with anorexia nervosa. J Adolesc Health 42:111-118
22. Koletzko S, Reinhardt D (2001) Nutritional challenges of infants with cystic fibrosis. Early Hum Dev 65 Suppl:S53-S61
23. Dodge JA, Turck D (2006) Cystic fibrosis: nutritional consequences and management. Best Pract Res Clin Gastroenterol 20:531-546
24. Kotler DP (1992) Nutritional effects and support in the patient with acquired immunodeficiency syndrome. J Nutr 122:723-727

25. Rees L, Shaw V (2007) Nutrition in children with CRF and on dialysis. Pediatr Nephrol 22:1689-1702
26. Kopple JD (2001) National kidney foundation K/DOQI clinical practice guidelines for nutrition in chronic renal failure. Am J Kidney Dis 37:S66-S70
27. Kopple JD (1996) The nutritional management of the patient with acute renal failure. JPEN 20: 3-12
28. Bergström J (2000) Nutrition in renal failure–the role of enteral feeding. Nestle Nutr Workshop Ser Clin Perform Programme. 3:247-254; discussion 254-256
29. Ward HJ (2009) Nutritional and metabolic issues in solid organ transplantation: targets for future research. J Ren Nutr 19:111-122
30. Forchielli ML, McColl R, Walker WA, Lo C(1994) Children with congenital heart disease: a nutrition challenge. Nutr Rev 52:348-353
31. Fung EB, Samson-Fang L, Stallings VA et al (2002) Feeding dysfunction is associated with poor growth and health status in children with cerebral palsy. J Am Diet Assoc 102:361-373
32. American Diabetes Association (2008) Standards of Medical Care in Diabetes. Diabetes Care 31:S12-S54

Nutrizione parenterale in neonatologia 9

F. Savino, V. Tarasco

9.1 Indicazioni alla nutrizione parenterale in neonatologia

La nutrizione parenterale (NP) è diventata parte integrante della terapia di supporto nel neonato critico, soprattutto con prematurità estrema, e nel neonato in condizioni chirurgiche e ha contribuito in modo sostanziale al miglioramento dei risultati delle cure intensive anche in questa fascia di età. Le richieste metaboliche per una "rapida crescita a basse riserve nutrizionali", tipica del neonato, rendono ancora maggiori i benefici di una buona nutrizione. In particolare, i soggetti con distress respiratorio grave, cardiopatie congenite, gravi malformazioni del tratto gastrointestinale o malattie infiammatorie sono candidati alla NP. Tuttavia, è importante considerare che la NP rappresenta una soluzione nutrizionale "non fisiologica" somministrata per una via "non fisiologica", di conseguenza l'obiettivo principale consiste nell'iniziare appena possibile un'alimentazione enterale (con sondino naso-gastrico – SNG - o gavage) per favorire la maturazione dell'apparato digerente e la produzione di ormoni gastrointestinali. Per questo motivo, soprattutto nei neonati pretermine, la NP viene spesso associata fin dall'inizio a quantità più o meno modeste di nutrizione enterale con formule speciali (formule a base di aminoacidi, idrolisati oppure formule specifiche per prematuri).

L'avvio della NP dovrebbe avvenire non appena le condizioni cardiocircolatorie del neonato siano stabilizzate: le riserve di nutrienti, soprattutto nei neonati con peso inferiore a 1500 gr, sono molto scarse e si rischia di generare uno stato di malnutrizione già nei primi giorni di vita, in ragione anche dell'elevata spesa energetica [1-3].

Nell'ultimo decennio, maggiori possibilità di sopravvivenza nei neonati pretermine con peso neonatale estremamente basso (inferiore a 1000 gr) o di età gestazionale inferiore a 30 settimane sono state raggiunte anche grazie ad un più ampio utilizzo della NP, che ha consentito di controllare meglio le instabili condizioni metaboliche di questi pazienti. La NP è indicata anche nei neonati più grandi, quando, a causa di malformazioni o patologie acute, la nutrizione enterale sia impossibile o inadeguata. In ogni caso, è necessario valutare con attenzione il bilancio tra la sicurezza e il potenziale beneficio di questa procedura.

Numerosi studi hanno approfondito la necessità di utilizzare una nutrizione enterale minima (minimal enteral feeding, MEF) in associazione alla NP, ed è stato spesso osservato che i pazienti traggono benefici dalla combinazione delle due tecniche (NP e MEF) [4]. Piccoli volumi di MEF, soprattutto a base di latte materno, hanno lo scopo di "preparare" l'intestino e stimolare il normale pattern di motilità intestinale senza aumentare il rischio di complicanze. Una discreta quota di nutrizione enterale può inoltre consentire l'impiego di una NP meno aggressiva e quindi meno rischiosa.

La NP si è dimostrata efficace nei neonati in ventilazione meccanica, con anomalie congenite (atresie intestinali, ernia diaframmatica, onfalocele, gastroschisi) o acquisite (diarrea intrattabile) del tratto gastroenterico, nel trattamento pre e post operatorio in situazioni che controindicano l'alimentazione enterale (perforazioni e volvoli), in caso di complicazioni intestinali quali l'enterocolite necrotizzante.

9.2
Principali vie di somministrazione della nutrizione parenterale nel neonato

Nei neonati pretermine, la NP viene generalmente somministrata attraverso un catetere percutaneo, anche se spesso si ricorre all'accesso venoso centrale tipo Broviac. L'accesso ombelicale viene invece meno utilizzato, soprattutto per il rischio di trombosi venose. L'infusione attraverso vasi periferici viene praticata soltanto quando la NP è prevista per un breve periodo di tempo. Pertanto, è opportuno scegliere la modalità di somministrazione della NP in base alle condizioni cliniche, alla durata prevista e ai reali fabbisogni di ogni singolo paziente [5].

9.3
Composizione della nutrizione parenterale in neonatologia

In linea teorica, tutti i nutrienti possono essere somministrati già dalla prima giornata di vita, ma la loro concentrazione deve essere aumentata gradualmente per permettere una migliore tolleranza metabolica.

Per i neonati pretermine, un intake energetico non proteico di 100 kcal/kg/die con un contemporaneo intake proteico di 3 gr/kg/die permette un aumento di peso simile a quello intrauterino. Un apporto energetico più elevato può condurre a un maggior guadagno di peso, ma favorisce la deposizione di grassi. Queste raccomandazioni dell'American Academy of Pediatrics sono basate sugli studi di Zlotkin, che raccomandano un apporto calorico da 90 a 120 kcal/kg/die e proteico di 2,5-3,0 gr/kg/die [1-3].

È importante ricordare che i prodotti disponibili in commercio per la NP in pediatria non sono adatti ai neonati con grave prematurità, per questo si dovrebbe poter disporre di formulazioni personalizzate, ancora in fase di studio [6].

La NP, oltre ad adeguati apporti energetici di elettroliti, minerali, vitamine e oligoelementi, deve fornire anche una fonte di azoto. Generalmente, come fonte di azoto, viene utilizzata una miscela di aminoacidi cristallini, in quantità di circa 2-4 gr/kg/die. Nei neonati pretermine, un apporto aminoacidico pari a 2-2,5 gr/kg/die consente un apporto di azoto paragonabile a quello dei neonati sani, nati a termine e alimentati per via enterale, mentre è necessario un apporto più elevato (oltre 4 gr/kg/die) nel caso di neonati di peso estremamente basso.

Il glucosio è la principale fonte energetica nella maggior parte delle NP, tuttavia un apporto superiore a 15 gr/kg/die è difficilmente tollerato da qualsiasi neonato nei primi giorni di vita; in particolare, per i VLBW (*very low birth weight*), la quantità massima tollerata è di circa 6 gr/kg/die.

Per i lipidi è consigliabile un apporto di circa 0,5-1 gr/kg/die, senza superare i 3 gr/kg/die.

La soluzione deve essere infusa a una velocità costante, utilizzando una pompa di infusione. Una volta raggiunti gradualmente gli apporti ottimali, la maggioranza dei neonati può tollerare la stessa infusione per più giorni; i neonati prematuri, invece, richiedono frequenti controlli e aggiustamenti di uno o più nutrienti e talvolta anche la modificazione dei volumi, attraverso il bilancio delle perdite.

9.3.1 Carboidrati

Nonostante siano stati studiati molti tipi di carboidrati (quali galattosio, fruttosio, ecc), nessuno ha mostrato vantaggi rispetto al glucosio (destrosio).

L'apporto di glucosio può ridurre il catabolismo delle proteine endogene in modo considerevole. Talvolta, nei VLBW, la comparsa di iperglicemia e glicosuria (aggravata dalla bassa soglia renale per il glucosio) impone la riduzione dell'apporto dei carboidrati. Il rischio di iperglicemia aumenta nei neonati pretermine e di basso peso alla nascita e quando è necessario aggiungere gli eventuali farmaci che possono interferire con il metabolismo glucidico.

La strategia per la gestione dell'iperglicemia e della glicosuria comprende la riduzione dell'apporto di glucosio, la somministrazione di aminoacidi per via parenterale, la possibile somministrazione di insulina esogena a dosaggio tale da ridurre l'iperglicemia e consentire la somministrazione di glucosio. L'utilizzo di insulina è stato indagato e proposto solo recentemente nel neonato pretermine poiché sembra migliorare l'utilizzazione glucidica ed energetica. Pertanto, l'insulina non dovrebbe essere aggiunta di routine poiché nel neonato la risposta a questo ormone è imprevedibile [7]. Nella pratica clinica, nella maggior parte dei casi, sono ben tollerati già dal primo giorno di vita fino a 6 gr/kg/die di glucosio, se somministrati contemporaneamente ad aminoacidi.

9.3.2
Proteine

Le problematiche dell'intake proteico nel neonato pretermine sono oggetto di ricerche e accesi dibattiti. Va considerato che la deposizione proteica correla con l'apporto proteico, se non esistono condizioni cataboliche sovrapposte. Un apporto di circa 2 gr/kg/die è sufficiente per evitare il catabolismo nella maggior parte dei neonati. Questo apporto può essere considerato come il limite minimo con cui iniziare la NP. Per quanto riguarda il limite massimo, l'obiettivo è quello di consentire una deposizione proteica pari a quella uterina. Gli apporti proteici possono raggiungere valori intorno a 3,8-4,0 gr/kg/die per i ELBW (*extremely low birth weight*) di peso inferiore a 1000 gr e lievemente maggiori per neonati di peso inferiore ai 700 gr.

La maggior parte delle complicanze metaboliche (quali iperazotemia, iperammoniemia e acidosi) si sono osservate quando i neonati ricevevano da subito preparazioni di NP con 4 gr/kg/die di proteine, mentre sono diventate più rare da quando si procede gradualmente da 1,5 a 3 gr/kg/die.

È stato calcolato che più di metà degli aminoacidi assunti dal feto nell'ultimo periodo di gestazione sono ossidati e utilizzati come fonte di energia. Alcuni Autori hanno suggerito che probabilmente questo elevato apporto proteico del feto applicato ai soggetti ELBW potrebbe essere più fisiologico rispetto a quello normalmente raccomandato. Va inoltre considerato che, benché negli ultimi anni le soluzioni di aminoacidi disponibili in commercio siano migliorate, nessuna è stata creata appositamente per i neonati ELBW, sia per la ridotta concentrazione aminoacidica sia per la biodisponibilità.

Entrando nel dettaglio dei diversi aminoacidi: cisteina, istidina e arginina sono considerati aminoacidi condizionatamente essenziali nei neonati pretermine; inoltre, la conversione di fenilalanina in tiroxina e della metionina in cisteina sono ostacolate dalla immaturità enzimatica [8].

Per quanto riguarda la tirosina, va considerato che il latte materno ne contiene circa il 6%, ma nelle soluzioni parenterali, per la scarsa solubilità, il contenuto è generalmente inferiore all'1%. Inoltre, è importante ricordare che negli adulti la tirosina è sintetizzata dall'idrossilazione della fenilalanina, mentre i neonati richiedono una fonte di tirosina preformata. Alcune nuove miscele di aminoacidi disponibili per NP contengono n-acetil-L-tirosina che è solubile.

Anche la cisteina è considerata un aminoacido indispensabile in modo condizionato per il neonato, poiché l'enzima L-cistationasi, che converte omocisteina in cisteina, può avere una bassa attività nel fegato dei pretermine: da qui deriva la necessità di un apporto preformato. Tuttavia, l'integrazione della NP con cisteina per i neonati rimane tuttora controversa.

Per quanto riguarda l'impiego di supplementazioni con glutamina, il dibattito è aperto: numerosi studi non hanno dimostrato nessun vantaggio del suo impiego a fronte di possibili interferenze nel metabolismo dell'ammonio, con una maggior richiesta di arginina per formare urea a livello epatico. Pertanto, occorre cautela ed è necessario valutare caso per caso (gravi patologie della mucosa intestinale, sindrome da intestino corto) [9-14].

9.3.3 Lipidi

Considerando che i neonati ricevono dalla nutrizione placentare soprattutto glucosio e aminoacidi, rispetto a basse quantità di trigliceridi, è consigliabile aumentare progressivamente la dose di lipidi. I lipidi somministrati con NP in un neonato pretermine possono essere aumentati da 1 gr/kg/die fino a 3 gr/kg/die in circa 4-5 giorni. Talvolta, l'apporto può essere aumentato fino a 4 gr/kg/die nel caso in cui il glucosio non sia tollerato o le richieste energetiche siano particolarmente elevate. Le conoscenze sulla tolleranza dei lipidi in neonati pretermine con epatopatia neonatale, insufficienza renale o in terapia con corticosteroidi sono invece limitate.

Le emulsioni lipidiche sono necessarie, poiché forniscono acidi grassi essenziali, permettono un elevato apporto di energia senza un eccessivo carico di glucosio e sono in grado di prevenire un'eccessiva produzione di CO2.

La maggior parte delle emulsioni lipidiche contiene trigliceridi a catena lunga (LCT), ma sono anche disponibili emulsioni contenenti trigliceridi a catena media (50% LCT e 50% MCT). L'utilizzo di emulsioni al 10% è quasi abbandonato poiché sono troppo ricche di fosfolipidi che impediscono la rimozione dei trigliceridi dal plasma e sono da preferire quelle al 20%. Dal punto di vista pratico, nel neonato è preferibile infondere l'emulsione lipidica nell'arco delle 24 ore e il monitoraggio del livello plasmatico dei trigliceridi è obbligatorio [15, 16].

9.3.4 Apporti di altri nutrienti

Il contenuto di elettroliti, adeguato per la maggior parte dei neonati, prevede 3 mmol/kg/die di sodio e cloro e 2 mmol/kg/die di potassio. Il neonato pretermine necessita di circa 2 mmol/kg/die di calcio e circa 1 mmol/kg/die di fosforo. L'apporto di magnesio consigliabile è di 0,2 mmol/kg/die. Il neonato chirurgico può richiedere apporti diversi in relazione alle eventuali perdite, mentre gli ELBW possono richiedere apporti maggiori.

In tutti i neonati è necessario un costante monitoraggio di elettroliti plasmatici e urinari in modo da modificare la composizione della NP per mantenere stabili i livelli plasmatici. Miscele di vitamine possono essere aggiunte a giorni alterni con miscele di oligoelementi.

Un ulteriore aspetto da considerare è il rischio di sviluppare precocemente il deficit di zinco se questo elemento non viene fornito in quantità adeguate, pertanto la somministrazione deve avvenire in tutti i casi in cui un neonato riceva la NP per più di qualche giorno [8, 9].

Bibliografia

1. Zlotkin SH, Stallings VA, Pencharz PB (1985) Total parenteral nutrition in children. Pediatr Clin North Am 32:381-400
2. Zlotkin SH, Stallings VA (1985) Total parenteral nutrition in the newborn: an update. Adv Nutr Res 7:251-269
3. American Academy of Pediatrics, Committee on Nutrition (1998) Nutritional needs of preterm infants. In: Pediatric nutrition handbook. 4th ed. American Academy of Pediatrics, Elk Grove Village, IL, pp 72–73
4. Yeung MY, Smyth JP, Maheshwari R, Shah S (2003) Evaluation of standardized versus individualized total parenteral nutrition regime for regime for neonates less than 33 weeks gestation. J Pediatr Child Health 39:613-617
5. Tyson JE, Kennedy KA (2005) Trophic feedings for parenterally fed infants Cochrane Database System Rev 20:CD000504
6. Chaudhari S, Kadam S (2006) Total parenteral nutrition in neonates. Indian Pediatrics 43:953-964
7. Binder ND,Raschko PK, Benda GI, Reynolds JW (1989) Insulin infusion with parenteral nutrition in extremely low birth weight infants with hyperglicemia. J Pediatr 114:273-280
8. Hans DM, Pylipow M, Long JD et al (2009) Nutritional practice in the neonatal intensive care unit: analysis of a 2006 neonatal nutrition survey. Pediatrics 123:51-57
9. Parish A, Bhatia J (2008) Early aggressive nutrition for the premature infants. Neonatology 94:211-214
10. Van Goudoever JB, Colen T, Wattimena JL et al (1995) Immediate commencement of amino acid supplementation in preterm infants: effect on serum amino acid concentrations and protein kinetics on the first day of life. J Pediatr 127:458–465
11. Thureen PJ, Melara D, Fennessey PV et al (2003) Effect of low versus high intravenous amino acid intake on very low birth weight infants in the early neonatal period. Pediatr Res 53:24–32
12. Mitton SG, Burston D, Brueton MJ et al (1993) Plasma amino acid profiles in preterm infants receiving Vamin 9 glucose or Vamin infant. Early Hum Dev 32:71–78
13. Ibrahim HM, Jeroudi MA, Baier RJ et al (2004) Aggressive early total parental nutrition in low-birth-weight infants. J Perinatol 24:482–486
14. Van Goudoever JB, Sulkers EJ, Timmerman M et al (1994) Amino acid solutions for premature neonates during the first week of life: the role of N-acetyl-L-cysteine and N-acetyl-L-tyrosine. J Parenter Enteral Nutr 18:404–408
15. Simmer K, Rao SC (2005) Early introduction of lipids to parenterally-fed preterm infants. Cochrane Database Syst Rev 18:CD00256
16. Lehner F, Demmelmair H, Röschinger W et al (2006) Metabolic effects of intravenous LCT or MCT/LCT lipid emulsions in preterm infants. J Lipid Res 47:404-411

Nutrizione parenterale domiciliare 10

F. Savino, V. Tarasco, R. Miniero

In età pediatrica, così come negli adulti, la nutrizione parenterale (NP) può arrivare ad assumere il significato di "intestino artificiale" e determinare una vera e propria condizione di dipendenza in alcune circostanze croniche, in particolare nei casi in cui la nutrizione orale o enterale non consentono un adeguato apporto energetico. È proprio l'esistenza di tali situazioni che ha motivato la realizzazione di programmi domiciliari con equipe multidisciplinari cui partecipano medici, infermieri, farmacisti e assistenti sociali, allo scopo di migliorare la qualità di vita dei piccoli pazienti e delle loro famiglie.

Le principali indicazioni alla NP domiciliare sono rappresentate dalle patologie primitivamente gastrointestinali che comportano una condizione di insufficienza intestinale severa:

- sindrome dell'intestino corto;
- diarrea intrattabile dell'infanzia;
- pseudo-ostruzione intestinale cronica;
- malattie infiammatorie croniche intestinali, in particolare la malattia di Crohn;
- malattia di Hirschsprung.

Le patologie primitivamente extraintestinali, ma che nel loro decorso si complicano con una grave compromissione della funzionalità gastrointestinale con indicazione ad una NP a lungo termine, sono soprattutto rappresentate dall'AIDS, dalle neoplasie, dalle malattie metaboliche e dall'insufficienza epatica [1].

L'età adeguata per iniziare una NP domiciliare dipende innanzitutto dalle condizioni cliniche individuali: esistono programmi che ne prevedono l'avvio prima dell'anno di età o addirittura al di sotto dei 6 mesi. Le condizioni mediche necessarie per attuare questi programmi domiciliari sono essenzialmente la stabilità del quadro clinico e la presenza di un accesso venoso centrale sicuro.

I genitori devono essere adeguatamente informati, motivati e capaci ad affrontare eventuali difficoltà emotive e tecniche. In alcuni casi può essere necessario l'aiuto di un assistente sociale, soprattutto quando le condizioni familiari risultano inadeguate [2].

Nutrizione parenterale in pediatria. Francesco Savino et al.

Gli accessi vascolari indicati per programmi di NP domiciliare sono cateteri venosi centrali (CVC) posizionati chirurgicamente con tunnel sottocutaneo (tipo Broviac), sistemi impiantabili (tipo PORT) e, più raramente, fistole artero-venose, utilizzate nei casi di esaurimento del patrimonio venoso centrale o fallimento delle altre vie [3]. Prima della dimissione ospedaliera, è fondamentale un preciso addestramento dei genitori che si occuperanno materialmente della gestione della NP e un coinvolgimento di tutto il nucleo familiare sulla gestione del CVC e sulle procedure di preparazione della linea di infusione. L'istruzione riguardante le procedure quotidiane, le misure di asepsi, il monitoraggio e la gestione di eventuali emergenze o complicanze deve essere effettuato da personale specializzato. Inoltre, sono molto importanti il coinvolgimento e il supporto continuo del team responsabile per sostenere lo stress e le responsabilità della famiglia [4].

La NP domiciliare prevede generalmente un'infusione ciclica su un numero di ore variabile da 10 a 18 per motivi metabolici, fisici e psicologici. In alcuni pazienti, si possono considerare progressivi aumenti o diminuzioni della velocità di infusione, durante le ore iniziali o finali, al fine di evitare condizioni di ipo o iperglicemia. Fondamentale è l'utilizzo di pompe di infusione, dotate di allarmi per la presenza di aria o occlusioni, per il controllo del flusso e filtri per evitare il rischio di precipitati. Le soluzioni utilizzate devono soddisfare i fabbisogni del paziente e, pertanto, sono individualizzate. La somministrazione avviene attraverso sacche binarie contenenti glucosio, aminoacidi, elettroliti e vitamine; i lipidi vengono infusi contemporaneamente alla sacca binaria, ma per mezzo di una via collaterale per superare i filtri antibatterici posti sulla linea infusionale principale. L'aggiunta di farmaci o vitamine alla soluzione nutritiva può danneggiarne la stabilità e può ridurre la disponibilità dei farmaci stessi, pertanto deve essere valutata attentamente.

Le complicanze della NP domiciliari sono le stesse che si osservano nei pazienti ospedalizzati sono descritte nel Capitolo 7. Le complicanze infettive sono le più gravi, ma hanno una frequenza inferiore rispetto a quanto avviene nei pazienti ospedalizzati: 1,13 episodi/1000 giorni catetere contro 1,66 episodi/1000 giorni catetere [5]. Il principale fattore di rischio è rappresentato dall'età: l'incidenza di tali infezioni è sicuramente più elevata nei bambini molto piccoli, nei primi due anni di terapia domiciliare. L'agente eziologico maggiormente coinvolto è lo Stafilococco coagulasi-negativo, benché non siano infrequenti le infezioni da Stafilococco aureo e quelle fungine. La sepsi da catetere è una condizione clinica severa che richiede l'ospedalizzazione e, in alcuni casi, la rimozione del CVC. I genitori devono essere adeguatamente istruititi a riconoscere i segni di tale infezione in modo da poter attuare il prima possibile gli interventi terapeutici necessari: la comparsa di febbre in un paziente in NP domiciliare deve essere sempre sospettata come derivante da sepsi da catetere. Altre possibili complicanze sono meccaniche (occlusioni, trombosi, danneggiamenti o dislocazioni del catetere) e metaboliche, epatiche e ossee [6].

In seguito alla dimissione ospedaliera, viene pianificato un regolare follow-up per valutare periodicamente i parametri clinici e biologici del paziente. Controlli diretti in regime di ricovero o day-hospital vengono eseguiti in base alle esigenze personali, inizialmente ad intervalli mensili, e poi ogni 2-3 mesi.

L'attuazione di programmi di NP a domicilio permette di migliorare nettamente la qualità di vita e le possibilità di sviluppo dei bambini che richiedono una NP prolungata. Sicuramente è indispensabile uno stretto rapporto fra pazienti, pediatra di famiglia e centro ospedaliero di riferimento [7].

Bibliografia

1. Koletzko B, Goulet O, Hunt J et al (2005) Guidelines on Paediatric Parenteral Nutrition of the European Society of Paediatric Gastroenterology, Hepatology and Nutrition (ESPGHAN) and the European Society for Clinical Nutrition and Metabolism (ESPEN), Supported by the European Society of Paediatric Research (ESPR). JPGN 41:S70-75
2. Liptak GS (1997) Home care for children who have chronic conditions. Pediatric Rev 18:271-273
3. Steiger E (2002) Obtaining and maintaining vascular access in the home parenteral nutrition patient. JPEN J Parenter Enteral Nutr 26:S17-S20
4. Smith L, Daughtrey H (2000) Weaving the seamless web of care: an analysis of parents' perceptions of their needs following discharge of their child from hospital. J Adv Nurs 31:812-820
5. Falcone RA, Warner BW (2001) Pediatric parenteral nutrition. In: Rombeau JL, Rolandelli RH (eds) Parenteral nutrition. WB Sauders, Philadelphia, pp 476-496
6. Grant J (2002) Recognition, prevention and treatment of home total parenteral nutrition central venous access complications. JPEN J Parenter Enteral Nutr 26:S21-S28
7. Wong C, Akobeng AK, Miller V et al (2000) Quality of life of parents of children on home parenteral nutrition. Gut 46:294-295

Etica e consenso informato

11

R. Miniero

Nel momento in cui si ravvisa la necessità di iniziare un programma di nutrizione parenterale (NP), è importante informare (*consenso informato*) i genitori e il paziente, compatibilmente con la sua età e la sua capacità di comprendere, come si fa per ogni altro programma diagnostico-terapeutico, secondo i dettami della buona pratica medica.

Devono quindi essere illustrati i vantaggi e gli svantaggi della NP e dell'impiego dei cateteri venosi centrali (CVC). Relativamente a questi ultimi, dovranno essere esposti i rischi connessi al loro uso, gli aspetti pratici gestionali e, soprattutto quando il paziente è adolescente, anche le problematiche estetiche. Può essere utile l'uso di esempi come disegni, video, manichini, rappresentazioni "teatrali" o coinvolgere altri pazienti portatori di CVC.

Per la scelta tra i vari tipi di catetere ed in particolare per le nutrizioni a lungo termine la scelta tra catetere esterno tunnellizzato e sistema totalmente impiantabile (Port) è opportuno illustrare i vantaggi e svantaggi dei due sistemi. Nella decisione finale, soprattutto quando si tratta di adolescenti, si dovranno anche tenere nel debito conto le eventuali preferenze del paziente. Un adeguato sostegno psicologico può essere utile per i casi emotivamente più compromessi.

L'acquisizione formale del consenso, che è raccomandabile essere scritto sia per la procedura nutrizionale sia per il CVC, non può essere delegata a personale sanitario non medico, sebbene quest'ultimo possa coadiuvare la figura del medico con la propria esperienza al fine di raggiungere lo scopo. Sarebbe opportuno che per i minorenni (16-18 anni) il consenso fosse anche espresso personalmente e quindi sottoscritto da *entrambi* i genitori. Il documento di consenso dovrà contenere la data effettiva di compilazione e le firme, informazioni comprensibili sulla procedura, sulle indicazioni all'utilizzo del CVC e della NP, su vantaggi e svantaggi di essa e sulle più frequenti e gravi complicanze e fa parte integrante della cartella clinica.

L'attuazione di un programma di NP assume infine una valenza etica del tutto peculiare allorquando si tratti di iniziarla o continuarla in pazienti in fase terminale. In questi casi la problematica deve essere inserita nel più ampio capitolo dei trattamenti medici di supporto e non solo di quelli strettamente nutrizionali, laddove i confini tra il concetto di *beneficere*, *non maleficere, di giustizia, di futilità* dell'intervento medico sono spesso sfumati [1, 2].

Bibliografia

1. Bugio GR (2008) Bioetica in pediatria. In: Bartolozzi G, Guglielmi M (ed) Pediatria. Principi e pratica clinica. Elsevier Masson, Milano, pp 7-12
2. Lipman TO (2001) Ethical issues and parenteral nutrition. In: Rombeau JL, Rolandelli RH (ed) Parenteral Nutrition. WB Sauders, Philadelphia, pp 588-596

Finito di stampare nel mese di luglio 2009